U0178922

低碳清洁能源科普丛书

庞柒 主编

阳光宝库

马晓惠 编著

常 浩 钟大龙 李博研 王新宇 科学指导

科学普及出版社
·北京·

图书在版编目 (CIP) 数据

阳光宝库 / 马晓惠编著 . -- 北京 : 科学普及出版社 ,2021.12
（低碳清洁能源科普丛书 / 庞柒主编）
ISBN 978-7-110-10408-8

Ⅰ . ①阳… Ⅱ . ①马… Ⅲ . ①太阳能光伏发电 – 普及读物 Ⅳ . ① TM615-49

中国版本图书馆 CIP 数据核字 (2021) 第 266856 号

策划编辑	秦德继　徐世新
责任编辑	王轶杰　薛菲菲　向仁军
责任校对	邓雪梅
责任印制	李晓霖

出　　版	科学普及出版社
发　　行	中国科学技术出版社有限公司发行部
地　　址	北京市海淀区中关村南大街 16 号
邮　　编	100081
发行电话	010-62173865
传　　真	010-62173081
网　　址	http://www.cspbooks.com.cn

开　　本	710mm×1000mm　1/16
字　　数	157 千字
印　　张	9.25
版　　次	2021 年 12 月第 1 版
印　　次	2021 年 12 月第 1 次印刷
印　　刷	北京瑞禾彩色印刷有限公司
书　　号	ISBN 978-7-110-10408-8/TM・31
定　　价	98.00 元

低碳清洁能源科普丛书
编委会

序
让阳光驱散阴霾

人类诞生之前，阳光就已经普照在地球上。生命因太阳而诞生，万物因阳光而生长。

从人类出现的第一天起，太阳就与人类朝夕相伴：太阳升起，天地一片光明；太阳落下，则大地归于黑暗。原始而朴素的阴阳概念由此而生：日出为阳，日落为阴。远古时期的人们认为太阳具有"神力"，人类对太阳的敬畏之情由此而生。太阳因而变成了有喜怒哀乐的太阳神，受到了人类的崇敬和祭祀。

因为崇拜太阳，人类开始研究太阳的运动。这是人类科学和文化的起点。

对太阳的不懈研究，使人类在科学上取得了一个又一个突破。人类认识到，太阳能是地球上的风能、化学能、水能等能源产生的基础，并且作为一种可再生能源，太阳能可以为人类直接利用。

早在3000多年前的西周，中国古人就用凹面铜镜汇聚阳光点燃艾绒取得火种，即"阳燧取火"，这一时期还设有专门掌管阳燧的官职，这是人类利用太阳能的最早记载。近代人类利用太阳能的历史，可以从1615年法国工程师所罗门·德·考克斯（Solomon de Cox）在世界上发明第一台太阳能驱动的发动机算起。这是一台利用太阳能加热空气使其膨胀做功而抽水的机器，人类第一次实现了将太阳能转换为机械能。

经过多年的研究与实践，太阳能已经成为人类所使用能源的重要组成部分。与此同时，由于积极探索新技术，人类对太阳能的研究和利用在不断发展进步。近些年，人们对开发利用太阳能的关注上升到了前所未有的程度，关注的重点便是太阳能光伏发电，简称光伏。

光伏之所以受到热捧，还得从自然界的碳循环说起。

自然界的碳元素，绝大多数储存在岩石圈和化石燃料中，这两个"碳库"约占地球碳总量的99.9%。碳元素在地球上的生物圈、岩石圈、水圈及大气圈中交换，并随着地球的运动循环不止。

在大气中，二氧化碳是含碳的主要气体，也是碳参与物质循环的主要形式。植物从大气中吸收二氧化碳，在阳光和水的参与下，经过光合作用，生产出富能有机物，并释放出氧气；这些富能有机物经由食物链传递，成为动物和细菌等其他生物体的一部分；生物体通过物质代谢释放生命活动所需要的能量，并在此过程中呼出二氧化碳，而碳元素便以这种方式返回了大气圈。这就是生物圈中的碳循环。

大气中的二氧化碳大约每20年可完全更新一次。植物以及可进行光合作用的微生物通过光合作用，从大气中吸收碳的速率，与通过生物的呼吸作用将碳释放到大气中的速率大体相等，而岩石圈、水圈情况也是如此。简而言之，在受到人类活动干扰前，自然界的碳循环是平衡的。但是，人类的活动破坏了自然界碳循环的平衡。人类燃烧煤炭、石油等化石燃料以获得能量，大量的二氧化碳随之产生，被释放到大气中。据估算，仅1949—1969年，由于燃烧化石燃料以及其他工业活动，二氧化碳的生成量每年就增加了约4.8%。

大气中二氧化碳浓度升高，致使温室效应异常增强，一系列的恶果也接连显现出来：海平面上升、气候反常、土地沙漠化面积增大、地球上的病虫害增加……如此发展下去，后果不堪设想。有数据表明，自从进入工业社会，人类通过燃烧化石能源等方式向大气层释放的碳，已经多达2000兆吨左右，这比一颗直径10千米的小行星撞击地球所释放的碳都高！而有科学家推测，6500万年前就曾经有这样一颗小行星撞上了地球，结果导致当时地球上大约75%的物种灭绝，其中就包括恐龙。

由此可知，碳循环失衡并非什么小事，而是攸关人类和其他物种生死存亡的大事。人类必须拿出最严肃、积极、认真的态度，去破解这个难题！

因为人类只有一个家园，就是孕育了人类的地球。保护地球，就是保护人类自身。

然而，从科技和生产力的发展趋势看，人类对于能源的需求仍将进一步增加。如果继续依赖化石能源，势必会进一步加剧碳循环失衡，继而导致全球灾难性气候更频繁出现。人类的生存环境也会遭受更严重的威胁。

为了全人类的福祉，必须继续发展科技和生产力；为了保护地球上的所有生灵，必须改善碳循环失衡的现状！如何才能解决"发展"与"保护"之间的矛盾呢？

答案是必须建立一种以低能耗、低污染、低排放为基础的经济发展与生产生活方式，减少以二氧化碳为主的温室气体及部分有害气体的排放。这是一场"地球保卫战"，需要全体人类协同作战，密切配合。作战的具体方式，就是改变人们的生产与生活模式，乃至生活观念。在这场地球保卫战中，中国以实际行动为世界各国人民作出了表率。2020年9月22日，习近平总书记在第七十五届联合国大会一般性辩论上首次提出碳达峰和碳中和的庄严目标。2021年中华人民共和国全国人民代表大会和中国人民政治协商会议上，碳达峰和碳中和首次被写进政府工作报告。

所谓碳达峰，是指某个地区或行业年度二氧化碳排放量达到历史最高值，然后经历平台期进入持续下降的过程，是二氧化碳排放量由增转降的历史拐点。碳中和则是指某个地区在一定时间内人为活动直接和间接排放的二氧化碳，与其通过植树造林等吸收的二氧化碳相互抵消，实现二氧化碳"净零排放"。

中国的目标极其明确：2030年，全国碳排放量达到116亿吨的峰值，之后需要逐步减少碳排放量。2060年，全国二氧化碳排放总量需通过植树造林、碳捕集等一系列方式、方法进行全部吸收，实现全国碳排放总量为零。

目前，二氧化碳的排放可追溯到四大来源，即能源、工业、农业和垃圾。从世界范围来看，2016年全球二氧化碳排放总量达494亿吨，73.2%来自能源消费，其中，交通能源消费占能源消费的16.2%，建筑物能源消费占能源消费的17.5%，工业能源消费占能源消费的24.2%；5.2%来自工业生产过程；18.4%来自农业生产；3.2%来自垃圾。而在中国，当前能源消费产生的二氧化碳排放约占二氧化碳总排放量的85%，占全部温室气体排放的大约70%。而发电行业的碳排放量在中国碳排放总量中占有相当大的比重。

碳达峰、碳中和是系统性、战略性和全局性工作，覆盖能源、工业、交通、建筑等高耗能、高排放行业，涉及生产和消费、基础设施建设以及社会福利等方面。要实现碳达峰和碳中和，意味着中国经济增长与碳排放量必须深度脱钩；意味着中国必须推动产业结构、能源结构、生产方式、生活方式和空间格局等全方位、深层次的系统性变革，构建起以新能源为主体的新型电力系统。

在构建新型电力系统方面，人们如今手中恰好握有一项非常得力的工具，那就是光伏技术。太阳能光伏发电系统是一种新型发电系统，可以利用太阳能电池半导体材料的光伏效应，将太阳辐射能直接转换为电能。

2020年9月22日，由中国发起成立的全球能源互联网发展合作组织，在北京举办了破解气候环境危机国际论坛。论坛上首次发布了《破解危机》和《可持续发展之路》两项成果，并全面对接了《巴黎协定》和联合国《2030年可持续发展议程》，以"中国方案"推动破解世界气候环境与可持续发展难题，促进全球能源互联网与人类命运共同体建设。《破解危机》又被称为"中国方案"，其核心思想是加快清洁能源的发展力度。

清洁能源也被称为"绿色能源"，指的是不排放污染物、能直接用于生产和生活的能源，包括核能和可再生能源。而可再生能源以其取之不尽用之不竭的特性，以及对环境更友好的优势，获得人类越来越多的青睐。

作为可再生能源，太阳能是一种快速增长的能源形式。人类对太阳能的利用，已经有光伏利用、光热利用、光化利用和燃油利用等多种方式。就目前的技术发展状况衡量，光伏发电是实现碳达峰和碳中和更为有效的手段。

近年来，随着人类社会对清洁能源的渴求日益增强，世界各国纷纷通过税收、补贴和法规等方式，加大对太阳能的研究和利用。太阳能市场在过去十年中也取得了长足发展，尤其是光伏技术，自 1958 年在空间卫星的供能领域首次得到应用以来，从已淡出人们生活的太阳能电子计算器，到方兴未艾的面积广阔的大型地面太阳能光伏发电站，它在发电领域的应用已经遍及全球。

2017 年被誉为光伏发电进程中的又一里程碑之年。这一年，全球新增的光伏装机容量超过了任何其他类型的发电技术，也超过了化石燃料发电和核电净增容量的总和。据统计，在这一年里，地球上平均每小时就会多出 4 万多块太阳能电池板。

作为新能源的排头兵，光伏的发展对于实现碳达峰和碳中和的目标具有非常重要的意义。以中国为例，仅 2020 年一年光伏发电量达到 2605 亿千瓦时，相当于节约了 937.8 亿吨标准煤，减少了二氧化碳排放量约 2.457 亿吨，为节能减排作出了巨大贡献。

现在光伏行业不仅是中国的新兴产业之一，也是推动能源转型、实现环境和经济可持续发展的全球重要行业之一。以光伏发电为代表的太阳能利用，不仅已成为近期急需的补充能源，也是未来能源结构的基础。而光热转换等太阳能利用方式，也正处于深入探索研究中。

人类对太阳能研究的持续深入，必将会带来技术的不断进步。在不久的将来，人类必能利用阳光，不仅能驱散燃烧化石燃料带来的阴霾，更能驱散"环境恶化"这团笼罩在人们心头的"阴霾"！

低碳清洁能源科普丛书编委会

2021 年 10 月

目录

第一章
太阳是个大宝库

　　太阳是古人认识的第一个天体，也是对人类至关重要的天体之一。地球大气的循环、昼夜与四季的轮替、地球冷暖的变化，都是太阳作用的结果。

　　在商周时期，太阳被中国古人称为"太极"，而昼和夜被称作"两仪"。古人根据昼夜交替现象创造了"阴"和"阳"的概念，并创造出年、日等计量时间的方法，二十四节气也是在此基础上发展出来的。

　　人类的科技与文化，就是从观察与认识太阳开始的。

　　随着科学技术的不断进步，人们逐渐认识到，太阳是个大宝库。这个宝库里有着几乎可以说是取之不尽的能源，这就是太阳能。

无所不在的太阳能

太阳能的诞生

太阳是距离地球最近的恒星、太阳系的"大家长"。太阳系质量的 99.87% 都集中在太阳身上。太阳以它那巨大的引力,控制着行星、矮行星和小天体们的运动。它不断向周围空间辐射着光和热,作为孕育了人类文明的天体,始终在影响着地球上的生物。

太阳是个近乎完美的球体。组成这个球体的物质大多是一些普通的气体,其中氢约占 71%,氦约占 27%,其他元素约占 2%。从中心向外,太阳可分为核反应区、辐射区、对流层和太阳大气。太阳大气按不同的高度和不同的性质,从内向外分为光球、色球和日冕三层。

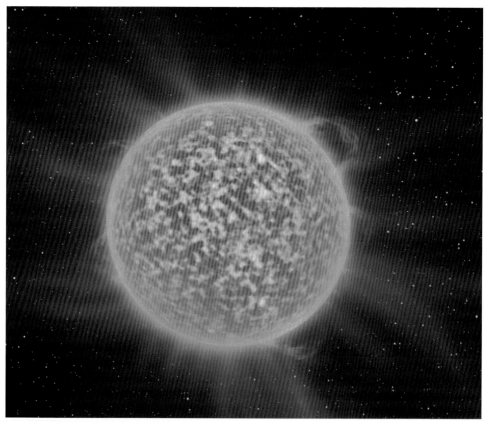

▲ 太阳是距离地球最近的恒星

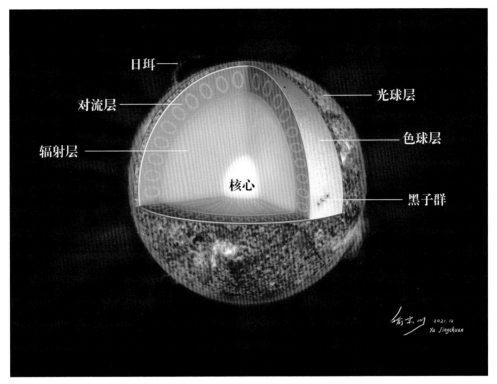

▲　太阳内部结构（喻京川　绘）

太阳的核反应区是生产太阳能的"车间"，也叫"日核"，它位于太阳的中心部分，中心温度在 1500 万摄氏度以上。日核的半径占太阳半径的 15% ~ 25%，太阳质量的一半以上都集中在这里。在高温、高压的环境中，太阳内部的氢原子发生核聚变反应，4 个氢核聚变成 1 个氦核，经由核聚变产生的氦比合成它们的氢要轻一点点，那些少掉的质量就转化成了能量，这就是太阳能的来源。

太阳氢聚变产生的能量，有很大一部分转变为内能，持续加热太阳表面物质；另外一部分转变为高能粒子的动能。太阳将高能粒子向四周抛出而形成太阳风，靠这种方式平衡着其自身的引力，避免坍缩。而它所释放的光和热，为人类的生存提供了不可缺少的条件。

太阳所发射的能量，有 99% 来自日核。每一秒，太阳会将 6.2 亿吨氢聚变成 6.16 亿吨氦，剩下的 0.04 亿吨则转化为能量散发出去。

日核所发生的核聚变反应，产生了中微子和 γ 射线。中微子比较"我行我素"，很少与其他物质相互作用。因为没有羁绊和拖累，所以中微子只需要 2.3 秒就能冲出

▲ 太阳诞生于原始星云

太阳，逃之夭夭。γ 射线的命运则截然相反。

日核外面一层为辐射区，其范围是 0.2 ~ 0.7 个太阳半径，该区域的太阳物质既热又黏稠。在辐射区的外边缘，温度约为 70 万摄氏度。γ 射线每前进几微米，就会被这些黏稠物质吸收，之后又会以较低的能量随机辐射向各个方向，之后又被吸收、被辐射……如此循环往复，从而实现能量的传递。

中微子和 γ 射线都是从日核出发，经过辐射区、对流层，最后抵达太阳的表面。同样的一条路，中微子只需 2.3 秒，γ 射线却足足用了 1 万 ~ 17 万年！

γ 射线从日核出发时，还是一种高能量的光子流，等到它经过漫长时间，进入透明的光球表面后，每一束光子流都已转化为数百万个可见光频率的光子。

从太阳的核心"走到"太阳的表面，光子流用了上万年。等它们变身为光子，挣脱太阳的束缚，"逃逸"到太空后，只需 8 分 20 秒就能到达地球。这就是人们所感受到的太阳能的诞生——在核反应区生成，经过辐射区"过滤"，在脱离了太阳表面后，才到达地球，来到人们身边。

地球能源之母

"燃烧"自己，赋能于其他星球，不仅是太阳的真实写照，也是太阳的终生使命。地球则是被太阳赋能的幸运儿之一。当太阳能以日光的形式突破重重阻碍来到地球后，就成为地球上能量的主要来源。如今地球上的大部分清洁能源，其源头都是太阳。

地球是一个不规则的球体，不同纬度所受到的光照情况不同。以赤道为代表的低纬度地区，受到的光照最强烈，地球表面和大气所吸

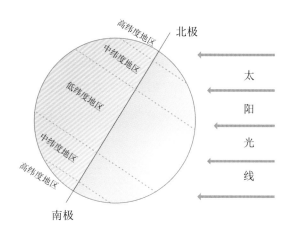

▲ 地球上的日照区

收的热量多，温度也较高。以两极为代表的高纬度地区，受到的光照时间较少，光照强度比较弱，温度也较低。这种温度差会引起空气的水平运动，这就形成了风，产生了风能。虽然到达地球的太阳能中，只有 1% ~ 3% 会转化为风能，但生成的风能总量仍然十分可观。据估计，地球上的风能约为 1300 亿千瓦，是植物吸收太阳能转化为化学能的 50 ~ 100 倍。

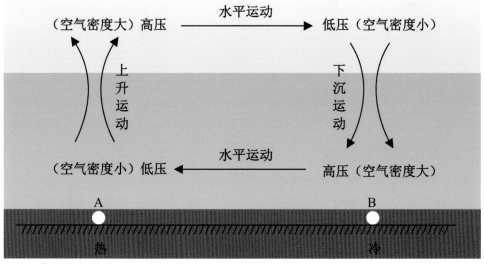

▲ 空气的水平运动

▲ 表层海水和深层海水之间的温度差，形成了海洋温差能

▲ 植物会通过光合作用把吸收到的太阳能转化为化学能

　　地球的表面被 71% 的海洋所覆盖。表层海水吸收的太阳能最多，升温也最明显。随着深度逐渐增加，海水所能吸收的太阳能逐渐减少，升温的幅度也随之逐渐降低。从水下 200 米处开始，就是阳光无法照亮的深海。表层海水与深层海水之间的温度差，就形成了海洋温差能。当风从海洋上空吹过时，会掀起波浪，这就形成了波浪能。据世界能源委员会（World Energy Council，WEC）的调查结果，全球可供利用的波浪能达 20 亿千瓦。

　　地球上的植物在吸收了太阳能后，就会通过光合作用把太阳能转化为化学能，在体内储存下来。此外，某些微生物也具有同样的能力。当这些植物和微生物成为食物链的其中一环时，能量就得以从低级消费者传递到高级消费者。人类和其他动物就通过食物链间接获得了太阳能。国际能源署（International Energy Agency，IEA）形象地将通过光合作用而形成的各种有机体，包括所有的动植物和微生物，称为"生物质"。以化学能形式储存在生物质体内的能量形式，被称为"生物质能"。生物质能是地球上仅次于煤炭、石油和天然气的第四大能源。

　　生物质能不仅是人类赖以生存的重要能源，也是形成煤炭、石油、天然气的原料。当它们在地质构造运动中被埋入地下，经过漫长的地质年代，逐渐演化成煤炭、石油和天然气等一次化石能源。

　　当人们吃着美味的烧烤，喝着可口的饮料时，有没有想过，这些都来自太阳最初的恩赐？当人们吹着清凉的海风，感受着海浪温柔的抚摸时，是否知道，它们都蕴含着可以让人类生活更美好的能量，而这些，最初也都是太阳给予人类的？

阳光宝库里有多少宝贝

1920 年，英国天文学家阿瑟·斯坦利·爱丁顿 (Arthur Stanley Eddington) 首次提出，太阳产生能量的真正机制是核聚变。能为人类所用的太阳能，指的是太阳的热辐射能，是一种可再生能源，主要表现为太阳光线。

▲ 煤炭的最初来源，也是太阳能

在太阳的核心区，每秒大约会进行 9.2×10^{37} 次质子—质子链反应。每次氢原子核聚合成氦时，大约会有 0.7% 的质量转化成能量。太阳的质能转换速率为 426 万吨／秒，每秒能释放出 3.846×10^{26} 瓦特的能量，相当于 9.192×10^{12} 万吨 TNT 炸药爆炸的能量。

太阳通过核聚变反应，已经转化了大约 100 个地球质量的物质。从太阳内部的氢含量估计，太阳至少还有 50 亿年的正常寿命。也就是说，这位地球的能源之母还能再为地球持续供能 50 亿年。

▲ 太阳通过核聚变反应将物质转换成能量

太阳能"长途跋涉"来到地球后，仅有 30% 能穿过大气层被地球所吸收，剩余的 70% 就被大气吸收、散射和反射掉了。即便如此，地球每年吸收的太阳能也高达 3850 泽焦（1 泽 =10^{21}）。每年通过光合作用所获得的生物质能，大约有 3 泽焦。

科学家曾做过统计，地球一小时所吸收的太阳能，比全世界一年所使用的能量还要多。不过这个数据已经是多年前的老黄历了。现代的科技更发达，全球人口在生活、工作、游乐……时耗费的能量肯定也比以前多得多。即便如此，太阳能也是绝对够用的。有了实力强大的太阳做后盾，地球绝对不会陷入无能源可用的窘境。地球的能源不是不够，而是现有的"打开"方式不对。只要正确"打开"，地球就不会存在能源缺乏的问题。

最有用的宝贝——光能

对人类来说，阳光宝库里最有用的宝贝就是光能。那么，光是什么？

▲ 地球上的万物生长都需要太阳

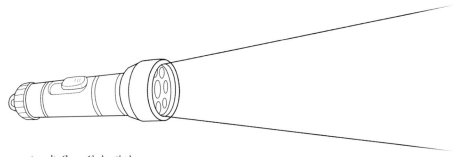

▲ 光是一种电磁波

光的真面目

17 世纪的法国科学家勒内 · 笛卡尔（René Descartes）最早提出要研究"光的本性"。对于这个棘手的问题，单笛卡尔本人就作出了两种截然不同的假想：第一种假想认为光类似于微粒，人类的肉眼看不见它，却能感知到它；第二种假想认为光是一种波，通过一种叫"以太"的物质，传递到人的眼睛里。"以太"这个词最早是由古希腊学者亚里士多德（Aristotle）提出的。他表示自然界中除了水、火、气、土之外，还有一种居于天空上层的以太。笛卡尔将"以太"的概念引入科学。但在后来的科学研究中，以太被证明是不存在的。

自笛卡尔以后，一场持续数百年的论战就此开始了。争论的问题是"光的本质是什么"。

意大利数学家弗朗西斯科 · 格里马第（Francesco Grimaldi）是"波动说"的倡导者。他设计了著名的"光的衍射"实验，认为"光是一种能够作波浪式运动的流体，光的不同颜色是波动频率不同

▲ 法国科学家勒内·笛卡尔的肖像

▲ 英国物理学家牛顿的雕像

▲ 英国物理学家麦克斯韦的雕像

的结果"。支持他的包括英国科学家罗伯特·波义耳（Robert Boyle）、英国物理学家罗伯特·胡克（Robert Hooke）、荷兰物理学家克里斯蒂安·惠更斯（Christian Huygens）等。

英国物理学家艾萨克·牛顿（Isaac Newton）不同意格里马第的见解。他专门做了光的色散实验，根据光的直线传播性，认为光是一种微粒流。微粒从光源飞出来，在均匀媒质内遵从力学定律作等速直线运动。于是牛顿成为"微粒说"的倡导者。他出身贵族，是英国皇家学会会长，还被认为是百科全书式的全才，影响力非常大。当"波动说"的拥趸者胡克和惠更斯过世之后，牛顿的"微粒说"逐渐占据了上风。

英国物理学家托马斯·杨（Thomas Young）认为光的不同颜色和声的不同频率是相似的。1801 年，他做了著名的"杨氏双缝干涉实验"，不但证明了光的干涉现象，也证明了光是一种波。之后，"波动说"阵营不断扩大，先有英国物理学家迈克尔·法拉第（Michael Faraday）和德国物理学家威廉·爱德华·韦伯（Wilhelm Eduard Weber）发现光学现象与磁学、电学现象间有一定的内在关系，后有英国物理学家詹姆斯·克拉克·麦克斯韦（James Clerk Maxwell）提出"光是一种波长极短的电磁波"。在麦克斯韦看来，波具有可扩散性，就像池塘里的涟漪，这种扩散通过物质连绵不断的振动实现。光的传播也是如此。振动的幅度越大，光的能量就越大，同时光的强度也越大。现在人们知道，麦克斯韦的说法是正确的，然而，他的说法只解释了光的一半特性，所以，麦克斯韦的说法并未获得所有科学家的认同。

1887 年，德国物理学家海因里希·鲁道夫·赫兹（Heinrich Rudolf Hertz）在实验中发现"光电效应"，即当光线照射在金属表面时，金属中有电子逸出的现象。如果根据麦克斯韦的理论，观察到的现象应该是"光照越强，所发射出的电子能量越高"，然而实验结果却是"光照越强，金属所发射的电子数量越多，单个电子的能量却没有增强"。

这一实验结果显然与光的电磁理论相悖，也无法用光的波动理论来解释。光电效应无可争议地说明了光子具有粒子的特性。

▲ 德国物理学家普朗克的雕像

光在实验中表现出的波动性和它的粒子特性困扰了科学家们很久。这个时候，德国物理学家马克斯·普朗克（Max Planck）在奥地利物理学家路德维希·玻尔兹

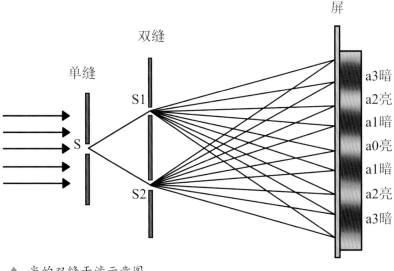

▲ 光的双缝干涉示意图

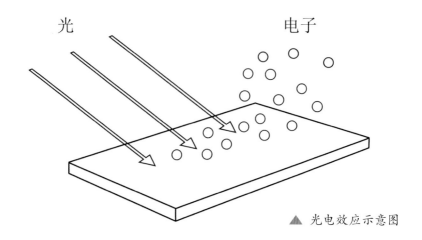

光　　　　　　　电子

▲ 光电效应示意图

曼（Ludwig Edward Boltzmann）的理论基础上提出了量子论，为解释"光是什么"搭建起了阶梯。玻尔兹曼在讨论能量在分子间的分配问题时，把实际连续可变的能量分成分立的形式加以讨论。1900 年，普朗克在实验中发现：热辐射的能量并不能无限拆分，一旦拆分到一定程度后就再也拆分不下去了。他由此提出一个观点，即热辐射有一个最基本的能量单元，并且每一个能量单元都有一定的数值。普朗克称之为"能量子"，简称"量子"。

根据普朗克的理论，物质的能量是不连续的。也就是说，当人们坐在窗边晒太阳时，阳光所带来的热辐射，是一分一分地传过来的。由此可知，人们其实是分期分批地温暖起来的！

这简直让人难以想象！就连发现这规律的普朗克也觉得不可思议。然而，科学只尊重事实，光子就是一种能量子！这时距离牛顿去世已有 173 年。光的"波动说"和"微粒说"之争又一次被掀起。两派的拥趸者各执一词，谁也无法说服谁。这种争论一直持续到 1905 年，瑞士物理学家阿尔伯特·爱因斯坦（Albert Einstein，1940 年获得美国国籍）发展并推广了普朗克的量子理论，提出了"波粒二象性"，才最终画上了句号。爱因斯坦对于"波粒二象性"的解释是：光是由光子组成的，光子是一种微观粒子，单个的光子具有粒子性，当众多的光子聚集在一起时，则表现出波动性。

由此，人们终于认清了光的"真面目"：一道光束是由数不清的光子构成的。光束本身是电磁波，光子是光线中携带能量的粒子。一个光子能量的多少与波长相关，波长越短，能量越高。光子具有能量，也具有动量，更具有质量。但由于光子无法静止，所以它没有静止质量。

▲ 通过彩虹我们可以得知，"白色"太阳光是由不同颜色的光混合而成的

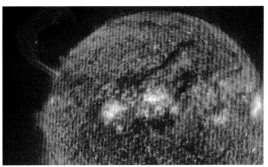

▲ 日珥经常发生在太阳的色球层

可见光和不可见光

人们用肉眼看到的太阳光是白色的，但只要借助三棱镜就能发现，"白色"的太阳光实际是由红、橙、黄、绿、青、蓝、紫7色混合而成。如果借助实验室，人们还能发现除了这些可见光之外，太阳光中还包含紫外线、红外线和X射线等不可见光。可见光是由光球层发射出来的，那这些不可见光又从哪里来的呢？

▲ 太阳中的远紫外线和X射线主要在日冕中生成

▲ 太阳表层物质可能会以太阳风的形式光临地球（喻京川　绘）

在光球层之外还有一层色球层。色球层的气体比光球层更稀薄，温度却更高。色球的底层，即色球层与光球层交界处，温度只有 4230 摄氏度；然而距离底层大约 2000 千米的顶层，温度却高达几万摄氏度。正因为底层和顶层的温差极其悬殊，色球层无法像光球层那样发出相对稳定的光。在高温等离子体流与磁场复杂的相互作用下，这里不仅会经常爆发剧烈的太阳耀斑、日珥等现象，还会发射远紫外线和 X 射线辐射，以及高能粒子流。

色球层虽然也会发光，但亮度只有光球层的几千分之一。一般情况下人们看不到色球层，只有发生日全食时才能看见"黑太阳"边缘一闪即没的那抹红光。

色球层之外是日冕。这里的气体更稀薄，温度却超过 100 万摄氏度。太阳光中的远紫外线和 X 射线主要是在日冕中产生。此外，日冕也会向外辐射一些其他不可见光，甚至还有少量可见光。色球层和日冕几乎承包了太阳光中除 γ 射线以外的所有不可见光。

到达地球的太阳光主要由可见光、波长大于可见光的红外线，以及波长小于可见光的紫外线共同组成。其中，可见光约占50%；红外线约占43%；紫外线最少，约占总量的7%。

太阳光到达地球并非就大功告成了，事实上，新的考验才刚开始。那些波长小于0.295微米和大于2.5微米的太阳光，会被地球大气中的臭氧、水气和其他大气分子吸收。只有波长在0.295~2.5微米的太阳光，才能真正抵达地面。之后，这些"幸运儿"将根据各自不同的波长来发挥不同的作用。

▲ 不同波长的光对植物具有不同影响

太阳光是光合作用的关键因素，光合作用是人类和其他生物的衣食父母。科学家发现，不同波长的光对植物生长具有不同的影响。蓝光和紫光不仅能支配细胞的分化，还能影响植物的向光性。它们与青光一样，对植物的生长及幼芽的形成有很大作用。它们还能通过抑制植物的生长，促使植物向矮且粗的形态生长。紫外线不仅有明显的杀菌作用，还能抑制植物体内某些生长激素的形成，增强植物的向光性。它和蓝光、紫光、青光一样，都能促进花青素的形成。红光和红外线都能促进种子或孢子的萌发，促使茎的生长。红光可促进二氧化碳的分解和叶绿素的形成，有利于碳水化合物的合成。红外线则具有巨大

▲ 蓝光和紫光能支配植物的细胞分化，并影响植物的向光性

▲ 爱因斯坦的雕像

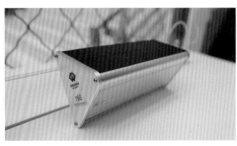

▲ 超低温太阳能照明灯

▲ 光伏园艺桌

的热效应。此外，红光、蓝光都有利于蛋白质和有机酸的合成。

了解了这些秘密后，人类就可以人工干预光的组成，控制光合作用的产物，从而改善农作物的品质。

打开阳光宝库的"金钥匙"

太阳这座大宝库里储藏着丰沛的能量，而承载着能量的太阳光，其本身也是一座宝库。人类所要做的就是打开阳光宝库，把里面的宝贝取出来使用。

光既不像桌子、板凳等物品一样，总是停留在一个地方不动，也不可能被收集起来装入小瓶，留着需要的时候再用。根据科学家们的测算，光的行进速度能达到299792.458千米/秒。人们要怎么做才能留住一束光，并且让它听从使唤呢？换句话说，如何稳妥地打开阳光宝库，取用其中的能量呢？

科学家们经过许多年坚持不懈的研究，已经找到打开阳光宝库的"金钥匙"，那就是"光电效应"。

当光线照射在对光敏感的物质表面时，该物质中的电子逸出的现象，称为光电效应。以金属为例：光是由一份一份不连续的光子组成，当某一光子照射到金属表面上时，金属表面的电子吸收了外界光子的能量，动能增加，从而克服了金属的束缚，逸出金属表面。不同的金属发生光电效应的最小光频率是不同的。单位时间内，入射光子的数量越大，飞逸出的光电子就越多，光电流也就越强。

光电效应是德国物理学家海因里希·赫兹（Heinrich Hertz）在 1887 年发现的。1905 年，爱因斯坦成功地对此进行了解释：光频率大于某一临界值时方能发射电子，即截止频率，对应的光的频率叫作极限频率。临界值取决于金属材料，发射电子的能量取决于光的波长，而与光强度无关。

这一现象之所以无法用光的波动性解释，是因为光电效应的瞬时性。按波动性理论，如果入射光较弱，照射的时间要长一些，金属中的电子才能积累到足够的能量，飞出金属表面。可事实是，只要光的频率高于金属的极限频率，光的亮度无论强弱，电子的产生都几乎是瞬时的，不超过 10^{-9} 秒。打个比方，这就像足球比赛中的换人策略一样：将一个足球场看作一块金属的表面，在场上比赛的 22 名队员是金属中的电子，场下的替补队员是光子。每当有一名替补的"光子队员"登场，就会换下场上的一名"电子队员"；每名"光子队员"只能在极短时间内换下一名"电子队员"，而不可能发生这样的情况——两名"光子队员"花很长时间同时登场，而使被换下的"电子队员"的体重突然变成了在场上参赛时的两倍，甚至好几倍。

对光电效应的正确解释，是光学研究中的一个里程碑。由于成功地解释了光电效应，爱因斯坦获得 1921 年的诺贝尔物理学奖。而对光电效应的研究，也使人类掌握了打开阳光宝库的方法——把光转换成电来使用，或者储存起来。

通过研究光的本质，人类建立起"光电科技"的概念。光电技术发展速度很快，

▲ 足球比赛的换人时刻

▲ 太阳能遮阳伞

近年来其应用范围已从原先的成像和光源扩展到光通信、光电显示、太阳能光伏发电等领域，尤其是太阳能光伏发电，将极大改善人类未来的生活，对实现二氧化碳的零排放更有着不可忽视的作用。

第二章
太阳能做什么

太阳是人类认识的第一个天体。早在上古时期，人类就意识到，太阳的存在与自己的生活休戚相关。它不仅能帮人类做很多事，还能让人类的生活变得更为舒适和方便。

翻开书本，人们经常能看见"阳光"的身影。《周易》中记载了古人使用"圭表"作为计时工具的事情。"圭"是按照正南正北方向放置，用来测定表影长度的刻板；"表"则是指直立于平地上，用来测日影的标杆。由此可知，圭表的用途就是利用太阳射影来计量时间。这就是太阳让人类生活变得更方便的典型例证。

经过了数千年的实践与研究，人类发现了太阳更多的秘密。对于现代人来说，太阳更重要的作用是可以提供丰富的能源，促使人类开发出多种利用太阳能的方式。

▲ 位于济南森林公园的普罗米修斯铜像

▲ 位于北京古观象台的圭表

太阳的利用

人类进化靠太阳

科学家研究发现，早期人类之所以能够进化出更大的大脑，是因为他们找到了一种能够从食物中获得更多能量的方法，这种方法就是吃熟食。将食物煮熟需要用到火，那么火又从何而来呢？

根据古希腊神话，英雄普罗米修斯为人类盗来了火种。当太阳车从天上驰过时，普罗米修斯将一根木本茴香的树枝伸到它的火焰里。火焰点燃了树枝。普罗米修斯举着燃烧的树枝，降落到地面，将火种带给了人类。从此以后人类就有了火。而英雄普罗米修斯因为违反了宙斯的禁令，被宙斯下令锁在高加索山的悬崖上，受尽了折磨。神话虽然不是历史，但还是从一个侧面说明了人类所使用的火种来自太阳。

中国的典籍中也记载了火的由来。根据《周礼》的记载，有一个叫司烜氏的官吏专门掌管火禁，他其中一项工作就是用阳燧取火。书中所记载的内容在考古发现中都得到了印证。这说明最晚在西周时期，中国古人已开始使用阳燧取火。西周王廷甚至还任命了专门的官吏来管理相关的事宜。

所谓阳燧，就是一面铜制的凹面镜，具有聚光的作用。《淮南子》《梦溪笔谈》《本草纲目》等典籍中都详细记载了中国古人如何使用阳燧来取火。

使用阳燧取火一般会选择在艳阳高照的时候进行。把阳燧的凹面对着太阳，阳光经过镜面反射之后，就会汇聚于一处。此外，还得在聚光之处——离镜面几厘米远的地方，放上一些艾绒等易燃物。聚光之处的温度升高后，就会点燃艾绒，这就取得了火种。

太阳光由光子组成，光子能散发热能。正常情况下，光子所散发的热能并不足以点燃艾绒。太阳光通过阳燧聚在一点后，光子数量并没有减少，所占的面积却变小了。光子被迫挤在一起后，温度也会随之升高。当温度升高到艾绒的燃点时，它就被点燃了。

▲ 阿基米德铜像

没有太阳光就没有火，没有火就没有熟食，没有熟食就没有现在的人类。从这点来说，太阳造就了人类的进化。

大家还记得阿基米德（Archimedes）吗？就是那位曾说过"给我一个支点，我就能撬起整个地球"的古希腊科学家。

公元前218年，罗马帝国与北非迦太基帝国又一次爆发了战争。叙拉古作为北非迦太基帝国的盟友，受到了罗马帝国的攻击。罗马帝国派出军队，分别从海路和陆路进攻叙拉古。年近七十的阿基米德，就住在叙拉古城。有一天，叙拉古城遭到罗马军队的偷袭。当时青壮年都已经上前线，城里只剩下老弱妇孺。生死存亡之际，阿基米德毅然站了出来。他先让大家回家去拿镜子，再拿着镜子在海边集合。阿基米德指挥大家使用镜子，将强烈的阳光反射到敌舰的船帆上。千百面镜子所反射的阳光都聚集在船帆的一小块地方，热量也随之汇聚。温度越来越高，终于"腾"的一下，船帆燃烧起来了。海风呼呼地吹着，火势趁着风力，越烧越旺，这就是阿基米德火烧战船的故事。

这并不是阿基米德第一次跟罗马人交锋了。之前他发明的投石器和起重机等武器，在多次击败罗马军队的战争中发挥了重要作用。当看见自己战船莫名其妙地燃起大火，罗马人还以为阿基米德又发明了什么新武器。他们不加思索就慌慌张张地逃跑了。就这样，阿基米德率领一群老弱妇孺赶走了兵强马壮的罗马军队。

阿基米德所发明的"武器"实质就是阳燧取火。不同的是，他们所使用的不是凹面镜，而是普通镜子。普通镜子是平面镜，无法汇聚光线，所以阿基米德就想出了以数量取胜的法子。当无数平面镜所反射的太阳光都落在一小块区域时，光子的数量随之激增，温度也随之急剧升高。当温度升高到船帆的燃点时，船帆就会被点燃。

美味太阳造

中国人常说："开门七件事，柴米油盐酱醋茶。"由此可见，"盐"和"酱"对中国人的重要性。在古代中国，食盐不仅是官府最重要的财政收入，甚至还关系到国家的生死存亡。

春秋时，齐国老百姓将海水引入盐田，利用太阳晒干海水，获取蒸发结晶而成的粗盐粒。因此，齐国从来不缺盐。与齐国毗邻的郕国和宿国都处于内陆，没法用海水晒盐，也没有盐湖、盐井，只能选择从齐国购买食盐。齐桓公即位后，将食盐

▲ 中国古人很早就懂得利用太阳晒干海水来制盐

▲ 太阳是中国酱的灵魂

的经营权收归国有，不许民间私自买卖。凭借着对食盐的垄断性贸易，齐国获利颇丰，走上了加强军备、争霸天下之路。郜国和宿国被齐国切断了食盐供应后，其士气低落，民心也涣散，最终分别被齐国和宋国吞并。

　　太阳不仅能晒盐，还能被用来做酱。这里所说的"酱"并不是酱油，而是被称为"醢"的中国酱。中国古代有各种各样的"醢"，它们有的已经失传，有的则被传承下来，至今仍受现代人所喜爱。

　　甜面酱也叫"面酱"，其实就是古代的麦酱。制作麦酱的最后一步是：将麦酱搅拌均匀后，放到阳光下晒十天。事实上，不仅酿造麦酱需要晒太阳，黄酱、酱油、豆瓣酱等绝大多数酱类在酿造过程中都需要晒太阳，只是晒太阳的时间不一样而已。

▲ 豆瓣酱

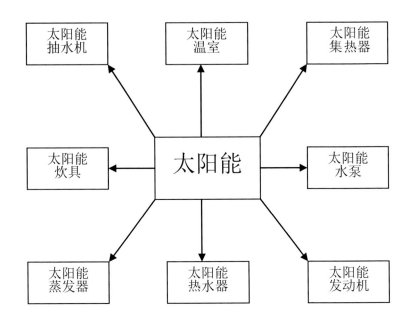

▲ 17—19世纪出现的多种太阳能产品

没晒过太阳的中国酱就像没了灵魂。这是因为制作中国酱的原料经过了制曲过程，许多有益微生物得以充分繁殖，并产生相应的酶类，而晒太阳能使发酵过程中的分解、合成作用进行得更充分。晒过太阳后的中国酱，香味更浓、更醇。

晒太阳不仅能用来制作美味的中国酱，还能用来保存粮食。只要将收获的粮食摊开在太阳下晒干水分，就能长期保存了。为防止储存的粮食返潮，人们还会选择在艳阳高照的日子里，将粮仓里的粮食重新拿出来晒一晒。因此，现在农村仍保留有晒谷场。

打开能源宝库的正确方式

"光"和"热"都是能量。当人类实现了将光和热转换为其他能量，例如机械能、电能时，才从"太阳的利用"正式进入"太阳能的利用"时代。

太阳能蒸汽机横空出世

在过去很长时间里，人类对太阳的利用还仅停留在对光和热的直接利用上。直到 1615 年，法国工程师所罗门 · 德 · 考克斯（Solomon de Cox）发明了世界上第一台太阳能抽水机，才改变了这一状况。正是从这台太阳能抽水机开始，人类才真正地学会利用太阳能。这台太阳能抽水机先利用太阳能加热空气，再通过空气受热膨胀做功来实现抽水的目的。虽然考克斯的发明只是把太阳能转换成机械能，而不是电能，但是对后世的人来说，这绝对是一个值得铭记的新开始。

姑且不论这台太阳能抽水机的抽水效果如何，从太阳能利用的角度看，它实质上是一台用太阳能驱动的发动机。这台机器的诞生开启了有关太阳能动力的研究。之后的二三百年里，人们纷纷脑洞大开，发明了各种各样的太阳能利用装置。

18 世纪，欧洲出现了太阳能墙，即一种面向南方的倾斜玻璃墙。欧洲贵族利用它来储存成熟的水果，而英国与荷兰的发明家试图利用它来搭建太阳能温室。到了

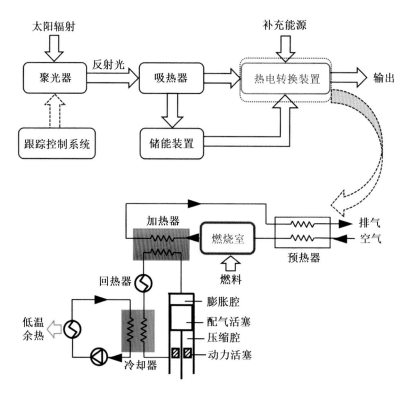

▲ 太阳能发动机原理图

19 世纪，拥有一间太阳能温室或太阳能保温房，已经成为欧洲上流社会的风尚。

　　1767 年，瑞士科学家发明了世界上第一台太阳能集热器。这项发明为太阳能蒸汽机的诞生奠定了基础。1837 年，英国天文学家在探险途中，亲手制作了一个简易的太阳能装置用来烧饭。这个简易的太阳能装置其实就是一个埋入沙土中的黑箱子和覆盖在箱子上的两层玻璃。据测量，箱内的温度竟高达 116 摄氏度。1861 年，法国科学家奥古斯丁·穆肖（Augustin Mouchot）很有经济头脑，先是取得了太阳能设备的专利权，之后逐渐发明了太阳能炊具、太阳能水泵灌溉器，以及用于制酒和水蒸馏的太阳能蒸发器。可以说，穆肖的发明使太阳能的用途空前广泛。1891 年，第一台闷晒式太阳能热水器被发明。这台热水器实际上是太阳能集热器和储水容器二合一的产品。水被"关"在容器中，而容器壁就是太阳能集热器。容器壁会吸收太阳辐射，以此来加热"关"在容器内的水。这种热水器不但结构简单便于制作，而且加热效果很不错，具有一定的商业价值。它的发明者专门为它申请了专利。不过它的缺点也同样明显——保温性很差，只要太阳一下山，水温就快速下降。1892 年，英国发明家奥布里·埃涅阿斯（Aubrey Aeneas）成立了波士顿太阳能发动机公司。传统的蒸汽机都是通过燃烧煤炭或木材来驱动的，埃涅阿斯的发动机却能够用太阳能来驱动。这不能不说是人类在太阳能利用上的一大进步。

　　从 17 世纪到 19 世纪，人类为寻找太阳能的最佳利用方法作出了种种努力。从考克斯的太阳能抽水机一直到埃涅阿斯的太阳能发动机，人类对太阳能的利用又上了一个台阶。不过从本质来看，这些发明创造都是使用聚光方式来采集太阳能，就连当时最先进的太阳能蒸汽机也不例外。

太阳能蒸汽机就是集太阳能集热器和蒸汽机于一体的产品。它虽然能够将采集到的太阳能转化为动力，但是功率较小而且造价昂贵，始终无法真正进入商用领域。因此，它主要是作为太阳能发烧友的私人收藏，在小范围内进行研究和使用。

▲ 玻璃墙在 19 世纪的欧洲被用来建造太阳能温室，如今则成为一种建筑墙体的装饰方法

▲ 硒（Se）原料

开启太阳能利用的新篇章

早在 1839 年，法国科学家埃德蒙 · 贝克勒尔（Edmond Becquerel）就在无意间发现，被阳光晒过的伏打电池会产生更强大的电流。这就是半导体的光生伏特效应，简称光伏效应。贝克勒尔家族是法国赫赫有名的科学世家，所以这件事很快就传了出去。这种奇特的现象引起了科学界的关注。不少科学家对此产生了兴趣，开始研究它。不过受限于当时的科技条件，光伏效应的相关研究最终不了了之。

时间一晃就过了 38 年，1877 年，英国科学家威廉 · 亚当斯（William G.Adams）和他的学生理查德 · 戴（Richard Day）在研究了半导体硒的光伏效应后，成功制作出了人类历史上的第一片硒太阳能电池。不过这两位发明家并不能解释这其中的原理，一直到 1883 年，才由美国发明家查尔斯 · 弗里茨（Charles Fritts）对此作出了科学的解释。据说弗里茨与同为发明家的托马斯 · 阿尔瓦 · 爱迪生（Thomas Alva

▲ 单晶硅光伏组件

▲ 碲化镉光伏组件

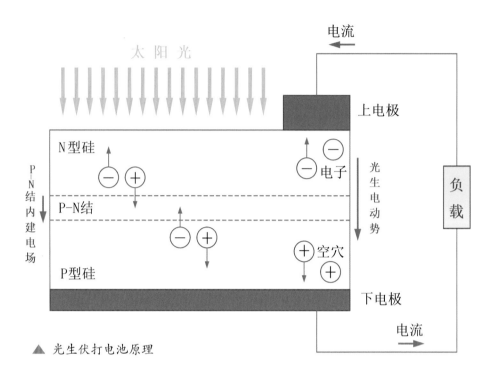

▲ 光生伏打电池原理

Edison）有一些私人过节。由于爱迪生是火力发电的倡导者和受益者，弗里茨就希望硒太阳能电池能取代火力发电。可惜事情并没有像他希望的那样发展。硒太阳能电池的转换效率仅有 1%，终其一生，也没能突破这个"1%"。

　　这个"1%"魔咒直到 1954 年才被打破。当时，美国的贝尔实验室正在做半导体硅的实验。科学家在实验中意外发现，往半导体硅中掺入一定量的杂质后，奇迹发生了——含有杂质的硅变得对光更加敏感了。这一发现让研究陷入瓶颈的太阳能

▲ 单晶硅光伏组件

▲ 太阳能地埋灯

电池"重获新生"。也是这一年，新的太阳能电池在贝尔实验室诞生。这块新电池的转换率达到了 6%，被认为具有实用价值。至此，"将太阳能转换为电能"的梦想终于变为现实。这一天距离亚当斯和戴发明人类第一块硒太阳能电池，已经过去 77 年；距离贝克勒尔发现光伏

▲ 铜铟镓硒柔性薄膜太阳能电池组件

效应，已经过去 115 年。之后，人类进入了光伏发电的时代，开启了太阳能利用的新篇章。随着人类对半导体物质的日益了解，以及加工技术的进步，太阳能电池转换率也得到了进一步提升。

从远古时期直接利用光线和光热到现在利用太阳能发电，人类利用太阳能的发展过程，真实地反映出人类对自然认知水平的提升，以及科技水平的提高。未来可能还有更先进的方式、方法，利用太阳能为人类造福。

太阳能让科学家操碎了心

并非全无缺陷

太阳光普照大地，把太阳能输送到地球表面。无论陆地还是海洋，无论高山还是岛屿，处处皆有，无一遗漏。每年到达地球表面的太阳能，差不多相当于燃烧 130 万亿吨煤所产生的能量，堪称当今世界可开发的最大能源。

太阳能不会污染环境，是地球上最清洁的能源之一。在环境污染日益严重的今天，太阳能就像一股清流。更可贵的是，从太阳自身的成长来测算，太阳至少还能为地球连续供能 50 亿年。由此可见，太阳能是无比丰富的。

此外，太阳能还有一项好处，是煤和石油等能源比不了的：太阳的照射没有地域限制，它可以就地使用，免除了开采和运输的麻烦。

太阳能的优点明显，缺点也同样明显。正因为它"雨露均沾"的性格，到达地球表面的太阳能虽然总量很大，但是能流密度很低。能流密度是评价能源的主要指

▲ 海南测试发电站完工照片

标之一。如果能流密度很小，就很难成为主要能源。

　　以北回归线附近为例，晴朗的夏季，太阳光最强烈的正午，地面所能接收到的太阳能约为每平方米 1000 瓦。如果考虑全年日夜平均的话，这数值就得降到 200 瓦了。如果再考虑冬季大约只有一半，阴天一般只有五分之一左右，这数值就更低了。这只是北回归线附近的理想情况。实际上，太阳能还受到昼夜、季节、地理纬度和海拔高度等自然条件的限制，以及晴、阴、云、雨等随机因素的影响。也就是说，在某一具体的地点，太阳能不仅是间断的，还是极不稳定的。要解决这问题，只能想办法把太阳能储存起来，等需要的时候再拿出来用。

▲ 太阳能利用受到昼夜的限制

　　这种方法说起来似乎很简单，但是实际做起来，不仅要涉及太阳能的收集、转换和蓄能设备的研发，还要涉及转换率高低，以及相关设备的研发、制造和维护费用。此外，还要考虑这些设备在制作、使用过程中，以及废弃后，对环境的危害问题。

　　总之，为了用好太阳能——这项来自太阳的慷慨馈赠，各国科学家操碎了心。在他们的不懈努力下，太阳能发电技术已经取得突破性进展，并成功进入了商用领域。现在，各国科学家还在致力于更高转换率、更环保、更低成本技术的研究。

▲　太阳能发电站

能源界的"硬通货"

　　太阳能有很多用处，为何有识之士都将注意力集中在利用太阳能发电上呢？人类通过把太阳的光能转换为电能这种方法，可以"把光留住"。这当然是一个重要原因，但并不是最根本的原因。根本原因是，电做功的能力——也就是通常所说的电能——比起其他能源来说，具有更多的优越性。

　　自然界的能源有很多种，像风能、水能、化学能、核能等，这些能源，连同太阳能，都可以很方便地转换为电能。而电能也可以转换为其他形式的能源，例如，电能可

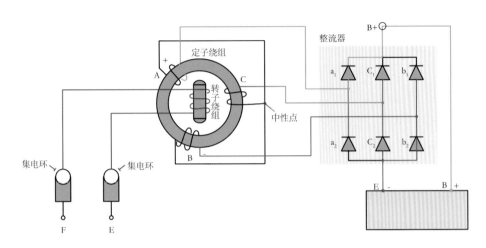

▲ 交流发电机工作原理

以通过电动机转化为机械能，通过电光源转化为光能，通过电热器转化为内能。

在目前的技术条件下，把光能、机械能等转换为电能的过程中会有相当的损耗，如果反过来，把电能转换为光能或机械能，则损耗相对较小，某些时候转换率几乎可以达到100%。这就像人们去某些电商处买东西，付钱后可以得到自己想要的货物，可如果想退货，很大可能拿不回原来花费的全部货款。单就这一角度来看，电能可以说是能源界的"硬通货"。

此外，电能的"运输"也很方便，运送煤或石油需要动用火车、汽车等运输工具，

▲ 运送煤或许要动用火车

还需要消耗大量能源及人力，而电能可以在极短的时间内传输到很远的地方。

由于上述优点，电能被广泛应用在动力、照明、化学、纺织、通信、广播等各个领域，而在此过程中，人们又发现了电能的另两个优点：一是管理操作简单，只要闭合开关即可完成所有操作；二是污染少，工作场所容易保持干净，有利于保护环境。

▲ 电视是居家必备的用品

18 世纪，美国科学家本杰明·富兰克林（Benjamin Franklin）揭示了电的本质，100 多年后，德国的发明家、商业巨子维尔纳·冯·西门子（Ernst Werner von Siemens）设计出了世界上第一台真正能够工作的交流发电机，从此人类有了一种新的能源可以利用，那就是电能。由此，人类进入了电力时代。随着工业化进程的加速，电力成为工业的主要动力，大规模流水线生产开始走进人们的生活，电能的使用因此被视为第二次工业革命的标志。电的普及带来了通信革命，电信业的发展加速了人类发展的进程，直到现在，电仍然是整个现代生活的核心。

▲ 电脑

历次工业革命的本质，都是能源转换的革命。如今，又到了改变

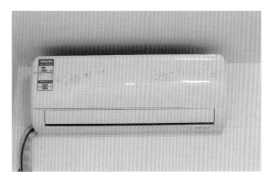

▲ 空调

的时候了，而这一次的能源转换，目标是清洁能源。科技发展到现在，人们已经离不开手机、网络、照明、空调……几乎所有人们生活中不可或缺的东西，都需要电力的支持。而且，人类长期依赖化石能源所造成的恶果正日益凸显。人类不得不面对日益严重的碳循环失衡所造成的全球性气候异常。因此，为了人类共同的未来，必须减少化石能源的使用。而光伏发电技术的快速发展，为人类提供了摆脱化石能源钳制的重要途径。这意味着未来某一天，即使人类不再使用化石能源，也能拥有取之不尽用之不竭的电能。

▲ 现在的日常生活已经离不开手机

▲ 很多日常生活中不可或缺的东西，都需要电力支持

第三章
光伏的成长历程

　　光能，是阳光宝库中最有用的一件宝贝。它的最大用处是可以发电，它的最大优点是清洁、无污染。人们一直想充分利用这件宝贝，让它最大限度地为人类造福，却苦于找不到最佳途径。直到贝克勒尔发现了光伏效应，才为后来的人们指明了方向。后人在这条道路上不断跋涉、奋进，而光伏技术也在人们的探索和实践中不断成长、进化，日臻成熟。

　　作为新能源家族中的一员，太阳能发电比核电更安全，比氢能、风电技术更成熟，成本更低，也更具有发展的潜质。因此，它成为实现碳达峰和碳中和目标中成本最低、技术最成熟的路径。如此优秀，让人怎能不喜欢它？

梦想起飞

光电效应是物理学中一个奇特且重要的现象。在研究光电效应的过程中，人们又发现，原来光电效应可分为外光电效应和内光电效应。

外光电效应就是之前提到的，光照在物体上，物体内的电子会逸出物体表面向外发射的现象。而内光电效应是指光照在物体上，物体的电导率发生变化，或产生光生电动势的现象。前者被称为"光电效应"，后者被称为"光伏效应"。

外光电效应和内光电效应其实很好区分——发生在物体外的，就是外光电效应；发生在物体内的，就是内光电效应。如果光照使物体的电导率出现了变化，就是光电效应。而人们通常所说的"光伏效应"，包含了两种过程，首先是光能转换为电能的过程，其次是形成电压的过程。

▲ 利用内光电效应原理制造的摄像管是电视摄像机不可或缺的元件

人类仅仅懂得原理还不够，要把已经弄懂的原理应用起来，才能改变自己的生活。为了让"光伏效应"发挥其威力，科学家们发明了光伏器件，也就是可以把光能转换为电能的光电器件，于是光电池诞生了。它又被称作"太阳能电池"，除了光电转换，它的另一个主要用途是光电探测。在有光线照射的时候，光电池实际上就是电源。在电路中有了光电池，就不需要再外加电源了。

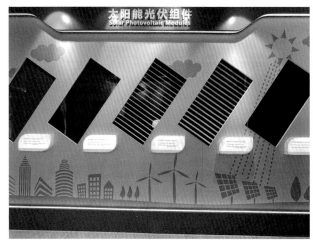
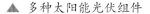

▲ 多种太阳能光伏组件

▲ 大理石图案的太阳能光伏
组件

　　依靠光电池的帮助，人类可把光转换成电，把太阳能变成了发电的绿色资源，并为人类打开了通向美好未来的一扇门——太阳发光发热的原动力，在于其内部的核聚变。尽管核聚变会带来污染，但是发生在太阳内部的核聚变距离人类十分遥远，这种污染对于人类是没有影响的。而太阳能本身是一种清洁能源，使用这样的清洁能源来生产电，是减少碳排放的有力手段，也是实现碳达峰和碳中和目标的重要途径。

　　通过对光的本质以及光的利用方式的研究，人类发展出了光电科技。太阳能光

▲ 彩色太阳能光伏组件

▲ 光伏组件

▲ 柔性太阳能电池包

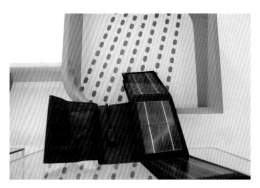

▲ 太阳能充电器

▲ 铜铟镓硒柔性薄膜太阳能电池片

伏发电是光电科技的一个组成部分，而且是非常重要的一个组成部分。未来，它还将在能源方面获得更广泛的应用。

人类的现代文明是建立在电能的基础上，可以说，没有电能就没有现代文明。光电科技的发展则使人类能够摆脱化石能源的掣肘，拥有更洁净、更明媚的未来。

给航天事业插上"翅膀"

光伏效应是光伏发电的基本原理，半导体是产生光伏效应的物质基础，而制造电压就是实现光电转化的关键所在。要完成制造电压的工作，就得靠太阳能电池。

1954年，美国贝尔实验室率先研制出了实用型硅太阳能电池。该电池的光电转换效率达到了6%，远高于之前的太阳能电池。它的诞生不仅让太阳能电池具有了商用价值，也为光伏发电的大规模应用奠定了基础。它的出现就像一道曙光，开启了太阳能利用的新纪元。

1957年10月4日，苏联成功地把世界上第一颗绕地球运行的人造卫星送入了太空轨道。当时世界仍处于冷战时期，美国和苏联都忙着进行军备竞赛。苏联抢先一步把人造卫星送上了天，美国自然不甘落后，也急于把美国的人造卫星也送上天。

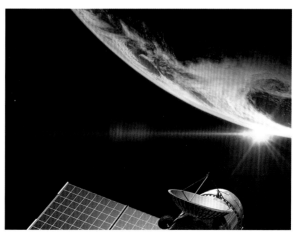

▲ 太阳能电池可以为卫星提供不间断的电能

在研制人造卫星的过程中，一个问题始终困扰着航天领域的科学家。人造卫星上的各种电子仪器和设备，需要充足的电能来驱动。人造卫星不是航天飞机，无法做到电力不够就飞回地球来充电。这就需要有一种特殊的电池，能够为它提供持续不断的电能。不仅如此，这种特殊的电池还必须同时满足重量轻、寿命长、使用方便，能承受各种冲击、振动的影响等条件。当太阳能电池被发明后，科学家敏锐地意识到"就是它了"！

1958 年，抗辐射能力很强的单晶硅太阳能电池被制作成功。抗辐射能力对于太空电池非常重要。与此同时，霍夫曼电子公司也生产出一种转换效率高达 9% 的单晶硅太阳能电池，这种电池的转换效率比贝尔实验室的硅太阳能电池高了 50%。这两种太阳能电池的发明，将太空电池的研究进程往前推进了一大步。同年，美国发射了人类历史上第一个使用太阳能供电的人造卫星"先锋"1 号。"先锋"1 号上安装了 100 平方厘米太阳能电池，功率为 0.1 瓦，用于为一个备用的 5 毫瓦话筒供电。

如果在"先锋"1 号上，太阳能电池还只是处于配角的位置，那么等到 1959 年人造卫星"探险家"6 号发射，它的地位得到了大幅度的提升。那时霍夫曼电子公司将单晶硅电池的转换效率提高到 10%，并且能通过用网栅电极来减少光伏电池串联电阻。技术的进步让"探险家"6 号得以拥有"豪华"的太阳能电池阵列。这太阳能电池阵列究竟有多"豪华"呢？它由 9600 片光伏电池组成，每片太阳能电池面积 2 平方厘米，总面积高达 1.92 平方米，功率为 20 瓦。

在这之后，空间电源的需求使得太阳能电池成为尖端技术，一时身价百倍。太阳能电池的使用对象也从一开始的人造卫星，扩展到了宇宙飞船、天文观察站等。它所能提供的电能，也从一开始的 0.1 瓦提高到了几百甚至上千瓦。

1962 年，世界上第一个商业通信卫星"电星"号发射。该卫星所使用的太阳能

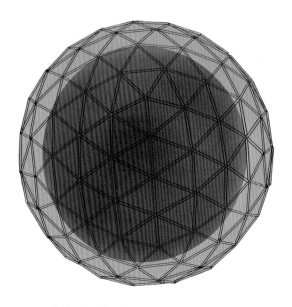

▲ 戴森球示意图

电池功率为 14 瓦。

1964 年，宇宙飞船"光轮"号发射。该飞船上安装了高达 470 瓦的光伏电池阵列。

1965 年，美国科学家彼得·格拉泽（Peter Glaser）等人提出了卫星太阳能发电站的构思。

1966 年，大轨道大文观察站发射，这座天文观察站上面安装了高达 1000 瓦的光伏电池阵列。

中国早在 1958 年就开始进行太阳能电池的研制工作。1971 年 3 月 3 日，中国成功发射了第二颗人造卫星"实践一号"。"实践一号"安装了中国自行研制的硅太阳能电池供电系统。它在轨运行了 8 年，大大超过了设计寿命。"实践一号"为中国制造长寿命卫星提供了宝贵经验。

在不考虑其他因素的情况下，太阳能电池能使人造卫星安全工作长达 20 年之久，而化学电池只能连续工作几天。经过十多年的发展，太阳能电池的工艺不断改进，电池设计也逐步定型，所提供的电能也有了很大提升。与此相对应，它在空间应用中的地位也不断加强。现在，各式各样的人造卫星和空间飞行器都插上了用太阳能电池制作的"翅膀"，只要太阳还存在，就不用担心电能不够。

美国科幻电视剧《奥维尔号》（The Orville）中曾提到过，未来宇宙飞船所使用的能源是"戴森粒子"。这一虚构的情节源自"戴森球"。"戴森球"是美国物理学家弗里曼·戴森（Freeman Dyson）于 1960 年所提出的一种理论。他认为人类对能源的需求，会随人类文明的发展而增长。如果人类文明能一直延续下去，总有一天会需要动用恒星的力量。所以他提出要建立一种环绕太阳的壳状轨道结构，用来收集太阳所释放的全部太阳能。

科幻作品中喜欢借用"戴森球"的设计，现实中有人却嘲笑戴森异想天开，认为"戴森球"的设计是不切实际的幻想。其实不然。进入 21 世纪，现代轨道环绕卫星和太阳帆宇宙飞船技术都已有一定的实际应用。这些技术就可以用于建造"戴森球"结构。

或许未来某一天，"戴森球"能够成为现实。到那时，人类也许就真的能够迈出太阳系，开启航向星辰大海的旅程。

"能源危机"促成光伏落地生根

太阳能电池在航天领域中大放异彩的同时，科学家也从没放弃让它在地面上为人类做贡献的想法，并一直为此展开积极行动。早在 1972 年，法国人就在尼日尔共和国的一所乡村学校中安装了一个硫化镉光伏系统，用于为教育电视供电。

不过由于市场上充斥着大量且廉价的石油，各国政府并没有意识到开发地面使用太阳能电池的迫切性。直到一场突然爆发的战争，才彻底改变了他们的想法。这场战争就是爆发于 1973 年 10 月的第四次中东战争。当时石油输出国组织采取了石油减产、提价等办法，来支持埃及、叙利亚等阿拉伯国家。一向依靠从中东地区大量进口廉价石油的那些国家，立刻就在经济上遭到了沉重打击。一时间，一些西方政客以及媒体纷纷惊呼："能源危机来了！""石油危机来了！"这场人为的能源危机让各国首脑意识到，为了不受制于人，必须改变现有的能源结构，开发出能替代石油能源的新型能源。这时，太阳能电池在

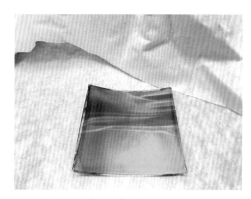

▲ 硫化镉（CdS）层

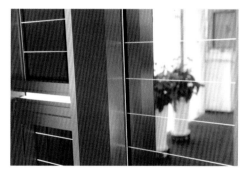

▲ 发电的墙、装配的墙、节能的墙

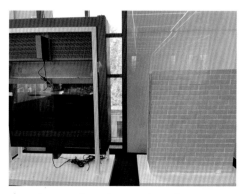

▲ 发电的墙、装配的墙、节能的墙与传统墙的对比

航天领域已经从崭露头角发展为独领风骚。于是一些国家，特别是工业发达国家，不约而同地把炽热的目光投向了太阳能发电这块新领域。

世界上再一次掀起了开发利用太阳能的热潮。只是这一次人们的目光不再只专注于广袤的太空，而是重新回到了人们生活着的地球。1973 年，美国政府推出了"阳光发电计划"。为了实现这一计划，美国政府不但大幅度增加了太阳能研究经费，还专门成立了太阳能开发银行，以促进太阳能产品的商业化。同年，美国特拉华大学建成了世界上第一座太阳能住宅。该住宅由美国能量转换研究所建造，铺在屋顶的光伏电池可将太阳能直接转化为电能。住宅中的照明及其他用电设备所使用的电能，都由光伏电池提供。多余的电能还能储存起来。日本一向紧跟美国的脚步，在太阳能开发研究上也不例外。1974 年，日本政府推出了政府级别的"阳光计划"，该计划涉及领域包括太阳房、工业太阳能系统、太阳热发电、太阳能电池生产系统、分散型和大型光伏发电系统等。为了实施这一计划，日本政府投入了大量的人力、物力和财力。在这一背景下，日本的泰科实验室利用定边喂膜生长法（Edge-defined Film-fed Growth，EFG），生长出了第一块 EFG 晶体硅带。晶体硅材料是制作光伏电

▲ "石油危机"促使光伏落地开花

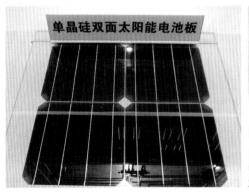

▲ 单晶硅太阳能电池板

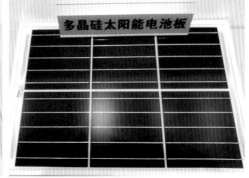

▲ 多晶硅太阳能电池板

池最关键也是最主要的材料。泰科实验室的发明，不但革新了晶体硅的生产技术，也为其他科学家的研究提供新思路。

在以美国和日本为首的发达国家的推动下，1977年世界太阳能电池的安装总量超过了500千瓦。也是在这一年，对于太阳能发电行业的未来发展至关重要的一项发明——非晶硅太阳能电池诞生。

在非晶硅太阳能电池被发明之前，太阳能发电使用晶体硅太阳能电池。晶体硅太阳能电池受当时原材料价格居高不下、制作工艺复杂以及产能低等原因的制约，降低成本的空间十分有限。而当时非晶硅太阳能电池由于原材料价格低、工艺简单且可在廉价的玻璃衬底上大面积制备实现大批量生产，可实现成本更低。因此，非晶硅太阳能电池从诞生之初，就获得了世界各国的重视。太阳能光伏发电行业由此得到了迅猛发展。1979年，世界光伏电池的安装总量在1977年的基础上翻了一番，

▲ 硅元素

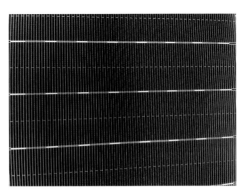

▲ 单晶硅太阳能电池正面

恭喜铜铟镓硒电池，以相同功率下，发电效率超过晶硅电池8%-10%的优势赢得比赛！

▲ 晶硅电池与铜铟镓硒电池对决

▲ 发电的墙、装配的墙、节能的墙介绍

达到 1000 千瓦之多。更让人咂舌的是，一年后，仅美国大西洋里奇菲尔德公司的年产量就达到了 1000 千瓦，这家公司也是世界上第一个年产量达到 1000 千瓦的光伏电池生产厂家。

在美国忙着把太阳能电池所覆盖的区域变得更大时，日本则致力于如何才能将太阳能电池变得更小。1980年，三洋电机公司研制出世界上第一台手持式太阳能袖珍计算器。该计算器所使用的就是非晶硅太阳能电池。

平价上网让光伏走进千家万户

光伏发电是一种清洁能源，很环保。而传统的火力发电生产过程会对环境造成污染。从环保的角度来说，使用光伏发电自然更好。当光伏发电作为商品时，人们还要考虑成本。如果光伏发电成本低于火力发电，支出减少，还能环保，人们自然争相使用。如果光伏发电成本与火力发电差不多，很多人也会考虑去选择它，只是态度不那么迫切了。如果使用和维护过程比较复杂，其中一部分人会选择放弃。如果光伏发电成本高于火力发电，就只会有极少数的资深环保人士愿意为之买单。

由此可见，要推广光伏发电，除

▲ 屋顶光伏

了要有环保理念外，还必须保证发电成本低于电价。

　　21世纪前，光伏的发电成本实际是大于电价的。各国政府为了推广太阳能发电，不得不给光伏企业发放补贴，以确保"电价＋补贴"能大于发电成本。这一时期，只要能拿到政府指标，安装上光伏电池就可盈利，即获得政府补贴。21世纪后，随着太阳能电池技术的快速发展，生产成本降低了，转换效率提高了，发电成本终于低于电价了。这意味着，即使没有政府补贴，光伏发电也能赚钱。至此，光伏发电终于从政府补贴时代进入了平价上网时代。所谓平价上网，就是光伏发电站将所发的电传输给电网时，其价格与火电、水电价格持平。

　　到了平价上网阶段，人们在部署光伏时首先要考虑的不是经济因素，而是如何克服光伏发电的物理限制。光伏发电必须有光才能有电，所以它的发电具有间歇性。在实际生产中，人们不可能只在白天用电。为了解决夜晚的用电问题，科学家为光伏发电设计了专门用于储能的蓄电池。于是人们就将白天多余的电能储存起来，到晚上再拿出来使用。这种方法比较简单，实用性也高。它是"取有余（白天）来补不足（夜晚）"，一旦白天发的电不够用，就没法来补不足。这种时候就要向外进行求助。实现平价上网后，光伏发电站会把发出的电送往电网，再通过电网将电输送给用户。一般情况下，电网会连接若干个发电站和用户，它们彼此通过电缆线连接。这些发电站往往包括光伏发电站、水力发电站、火力发电站、氢能发电站，甚至是

▲ 由国家能源投资集团有限责任公司（以下简称国家能源集团）化工工程 EPC 总承包建设的光伏项目

核能发电站。多种发电站联合供电，彼此取长补短。

　　以一家三口为例，一个小家庭一天的用电情况包括：早晨天还蒙蒙亮，一家人起床，先开灯照明。晨起三件事需要用到电动牙刷、热水器和智能马桶。主妇做早餐会用豆浆机、电饼铛和电蒸锅等厨房电器。厨房电器往往都是用电大户。一家人出门各自上学、上班后，家里就空下来了，只有路由器、冰箱等少量电器还在运行着。这时用电量自然就减少了。傍晚一家人陆续回家，孩子开灯做作业，大人开电脑加班，一家人开电视娱乐、开热水器洗澡……，要是夏天或冬天，还得开空调或电暖气。用电自然迎来了晚高峰。夜深人静，一家人都入睡了。这时用电量又一次减少。

　　从这一家人用电情况就能看出，用电量是存在高峰和低谷的。电网会将一天内的用电负荷变化过程绘制成日负荷图，其中用电最低部分称为"谷荷"，中间部分

一个三口之家一天的用电情况。

早晨起床后，三口之家的用电进入了"早高峰"。厨房电器往往都是用电大户。

一家人出门各自上学、上班后，家里的用电量自然就减少了。

傍晚一家人陆续回家，用电迎来了晚高峰。夜深人静，用电就又一次减少。

▲ 一家三口用电情况

▲ 由国家能源集团化工工程 EPC 总承包建设的光伏项目

称为"腰荷",最高部分为"峰荷"。

目前电能仍无法做到大容量低成本储存,为了减少电能的浪费,发电站会根据实际用电情况来调节,高峰时多发电、低谷时少发电。电网连接着千千万万个用户,不同用户的负荷都不同,这就导致电网一会儿是高峰,一会儿是低谷。为了调节峰荷,电网中常常需要启动快和比较灵活的发电站。为解决可再生能源发电盈余与间歇发电两难问题,须在众多类型的发电站中寻找能源清洁、启动灵活的发电站。氢能发电站最适合担任"救火兵"的角色。氢能是实现高比例可再生能源利用、构建以清洁能源为主的多元能源供给系统的重要载体,用可再生能源如太阳能制备的氢也是一种最清洁的能源,作为太阳能的补充非常合适。而现在的智能电网已经能较好地

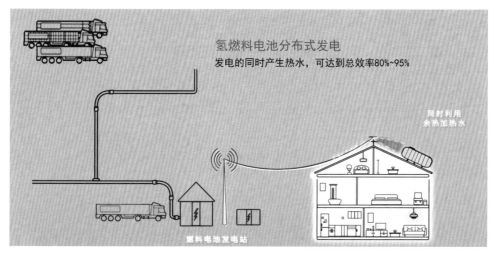

▲ 氢燃料电池分布式发电

担当起"指挥员"的角色。

　　光伏发电不但能通过平价上网，将电能输送给需要的用户，还能解决供电困难户的用电问题。在一些远离输电线路的地方，单独架设电缆的成本非常高昂。若使用光伏发电，就能实现低成本通电。在那些电价较高的国家和地区，在屋顶或向阳的地方安装上光伏发电设备，用光伏发电作为补充，不失为一种好办法。

　　一些聪明的厂家，也不失时机地推出了能够自供电的产品，以满足市场的需求。芬兰的厂家研制出用太阳能电池供电的彩色电视机。太阳能电池板就安装在用户的房顶。为确保电视机 24 小时使用，还配备了可储能的蓄电池。日本的厂家则选择了将太阳能电池应用于汽车上，专门为自动换气装置、空调设备等供电。中国的厂家在电视差转台上下功夫。

　　电视台的发射塔功率有限，无法直接将电视信号发射到每家每户，这就需要用电视差转台将电视信号放大再转发出去。一般来说，电视信号从发出到被电视机接收，需要经过几次中转。电视差转台往往安装在山顶。如果单独为它架设一条输电线路的话，成本会很高。为此，中国厂家研制了以太阳能电池为电源的电视差转台。与

▲ 氢能应用场景

传统的电视差转台相比，这种电视差转台投资少、使用方便，深受用户欢迎。

▲ 电视发射塔

让光伏为未来生活充能

有专家曾做过测算，如果能把撒哈拉沙漠太阳辐射能的1%收集起来，就足够全世界的所有能源消耗了。光伏发电作为一种取之不尽用之不竭的清洁能源，必然要被继续大力推广。它在世界能源结构中的地位，也会越来越高。

未来，光伏技术主要会朝三个大方向发展。

第一个大方向仍是建设地面发电站，所追求的目标是转换效率更高、生产成本更低的光伏发电系统。只有加大光伏发电量，才能完成传统能源与清洁能源的"改朝换代"。

第二个大方向是发展分布式光伏。所谓分布式光伏，是指在用户所在地的附近建设光伏发电设备，所发的电主要自己用，多余的电可上网。这种"哪里发就在哪里用"的运行方式，避免了电能在传输途中的损耗。分布式光伏的安装往往是因地制宜，有时还得附着在原本的建筑物上，这样的分布式光伏利用方式被称为"光伏建筑一体化"，即在城市建筑物屋顶或者立面安装光伏电池组件，形成光伏发电系统。

第三个大方向是"光伏＋物"。"光伏＋物"简称"光伏＋"。它所加的"物"包括可穿戴装备、物联网传感器、智能家居、快装发电站、5G基站、无人机、电动车、电气化列车、商业卫星、航天飞机、临近空间飞艇和光伏建筑一体化等，其种类繁多。根据它所"＋"的物体不同，对光伏电池提出了特殊的要求，例如要求重量更轻、质地柔软等。所以"光伏＋"注定了只能是光

▲ 安装有光伏幕墙的建筑

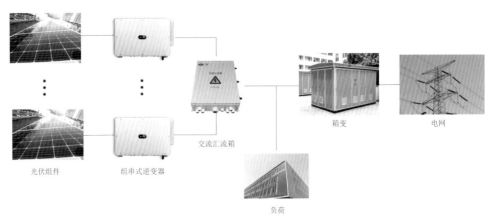

光伏组件　　　　组串式逆变器　　　　交流汇流箱　　　箱变　　　电网　　　负荷

▲ 分布式发电站原理图

伏技术发展到高阶段时的产物。

人们日常的衣食住行，能实现怎样的"光伏+"呢？几乎每个人都曾遇到过手机没电的情况。进入"互联网+"时代，健康码、支付宝、微信、医院挂号……，所有一切都依赖于人们的手机。手机一旦没电就寸步难行，人们必须想办法，立刻给手机充电。为此，荷兰设计师宝琳·范·东恩（Pauline van Dongen）专门设计了"可

▲ 国家能源集团光伏建筑一体化建筑能源集控与实验平台

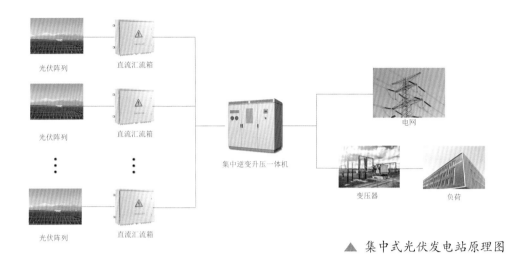

▲ 集中式光伏发电站原理图

穿戴太阳能"系列服装，将衣服变成随身发电站，彻底解决了手机以及其他小型数码产品的充电问题。"可穿戴太阳能"系列由一件嵌入了 72 块柔性太阳能电池的直筒连衣裙和一件隐藏 46 块刚性太阳能电池的夹克共同组成。这两件衣服只需太阳底下晒 1 小时，能给手机提供大约一半的电量。

　　太阳能建筑住宅最能体现太阳能技术发展水平。在中国上海北外滩就有一座特殊的集装箱建筑。它的特殊在于由"太阳能 + 储能"系统所组成的 22 千峰瓦直流系统和 10 度电的储能系统，就能基本满足整座集装箱建筑的用电需求。此外，该系统还使用了 AlphaESS 双向储能系统。一旦系统电力不足，就能从电网获取电能。

　　除了穿与住以外，"光伏 +"在交通领域也大展神威。1974 年，人类第一架

还有利用太阳能电池驱动发电的太阳能电动汽车和太阳能飞机，真正实现了纯绿色能源驱动！

▲ 太阳能飞机和太阳能汽车

太阳能电池飞机在美国首次试飞成功，当时仅飞行了几分钟。到了 2015 年，瑞士探险家伯特兰 · 皮卡尔（Bertrand Piccard）和安德烈 · 波许博格（André Borschberg）已经能驾驶"阳光动力"2 号太阳能飞机，实现环球飞行了。

从以上事例可知，随着能源生产与消费方式变革，这些新兴光伏应用将更深入地影响人们未来的生活。"光伏 +"为人们的生活带来了种种奇思妙想，帮助人们打破固有的习惯思维。不久的未来，人们的生活将因为越来越多的"光伏 +"，变得更便捷、更环保，也更充满惊喜。

第四章
光伏能力大揭秘

现代生活离不开电，电池能够便捷地为各种电器提供电能。手机、电动车、遥控器等都需要使用电池……人们的便捷生活与各种电池密不可分。然而，日常生活中使用的电池，内部通常都富含镉、铅、汞等重金属，废弃的电池一旦处置不当，将对环境造成非常严重的污染，并威胁到人类的健康。例如，一粒小小的纽扣电池可污染600立方米的水，相当于一个人一生的饮水量；一节一号电池烂在地里，能使1平方米的土地失去利用价值，并造成永久性公害。所以，各种各样的废电池已成为现代文明的一桩心病：明知道它有害，但又无法割舍，因为离不开，所以只能饮鸩止渴。

▲ 化学电池

▲ 太阳能电池

▲ 铜铟镓硒（CIGS）太阳能电池

光伏发电的实质是通过太阳能电池实现光电转换，将太阳光直接转换为电压和电流。那么，太阳能电池也会像其他电池一样造成环境污染吗？这会不会是另一种饮鸩止渴呢？

不是电池的"电池"

另类的"电池"

太阳能电池虽然被称作"电池"，但它其实不是人们通常所说的电池——准确地说，它与化学电池截然不同，不仅长得不一样，工作原理也不一样。

人们平时所熟知的电池，通常是指能将化学能转化成电能的装置，准确地说，它们更应该被叫作"化学电池"，是储能电池。化学电池都具有正极和负极，化学能直接转变为电能，靠的是电池内部自发进行氧化、还原等化学反应，这种反应分别在两个电极上进行。

太阳能电池工作原理的基础是半导体P-N结的光伏效应。当两种不同类型的半导体——P型和N型——结合在一起时，其中P型半导体的空穴（被称为"多子"）比自由电子（被称为"少子"）多，而N型半导体的自由电子（被称为"多子"）比空穴（被称为"少子"）多，形成的浓度梯度迫使电子与空穴相互扩散交融，结果P区失去空穴留下负电离子，N区失去电子留下正电离子，这些不能移动的带电粒子在P区和N区交界面附近形成了空间电荷区，并建立内建电场，方向从N指向P，反而阻止N区电子（多子）和P区空穴（少子）的扩散交融。当多子扩散和少子漂移达到动态平衡时，交界面区域形成了单向导电性的稳定的空间电荷区，如此就形成了P-N结。

　　如上所述，P-N结是两块半导体交界面的空间电荷区的简称，它被喻为"太阳能电池的心脏"。

　　太阳能电池的基本结构就是一个大面积的P-N结，其外观通常是一块光电半导体薄片，它还有另一个名字，叫作"太阳能芯片"。当太阳光或其他光照射半导体时，就会在P-N结的两边出现电压，叫作光生电压。这种现象就是著名的光伏效应，也就是内光电效应。每个单片太阳能电池可以产生的电能相对有限，但通过专门工艺，用导线把大量单片太阳能电池片连接起来，就可以汇聚众多单片太阳能电池所产生的电能，供人们使用了。P型半导体和N型半导体的制造原料大多是硅，通常会掺杂少量杂质。由于不像化学电池那样需要使用电解质和重金属，所以太阳能电池对环境的污染要小得多。

　　太阳能电池的英文名称是"Solar Cell"，其中"Solar"的意思是"日光"或"光能"，而"Cell"的意思却不单单是"电池"，它还可以用来称呼细胞、蜂巢的巢室或单元格，有时候也指牢房。使用"Solar Cell"来为太阳能电池命名，充分体现出了科学家们的风趣和文化积淀——太阳能电池最早被设计为六边形，因为在单位面积可以铺设最多的单元，这个设计很可能是受到蜂巢构造的启发；而P-N结中的空穴和自由电子的关系，也恰似蜂巢巢室与蜜蜂的关系。

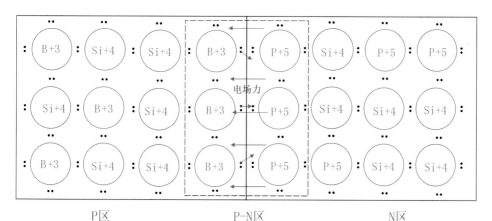

▲ P-N结结构图

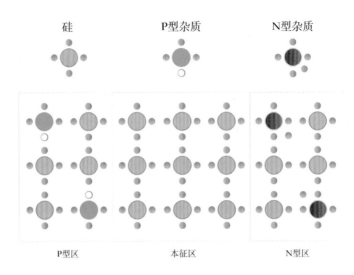

硅　　　　　P型杂质　　　　N型杂质

P型区　　　　本征区　　　　N型区

▲ 太阳能电池结构

拾级而上的光伏

尽管促成太阳能电池出现的光伏效应最早发现于1839年，但开始的100多年里，以此原理将阳光转换成电流的效率太低，所以早期太阳能电池技术并没有太多实用意义。直到20世纪50年代，美国贝尔实验室开发出转换效率为6%的单晶硅太阳能电池，自此，太阳能电池才真正走上历史舞台。

1953年，美国贝尔实验室的工程师达里尔·乔宾（Daryl Chapin）试图研发一种新电源，以应对配备干电池的电话系统在偏远潮湿地区电力消失过快的问题。在分析了几种替代的能源后，他打算选择太阳能作为尝试方向。乔宾最初选择硒材料来制作太阳能电池，可惜效率一直太低。与此同时，美国物理学家杰拉尔德·皮

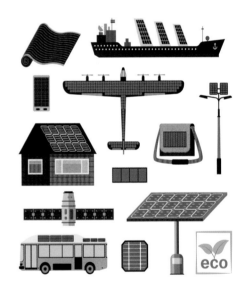

▲ 被广泛应用的太阳能电池

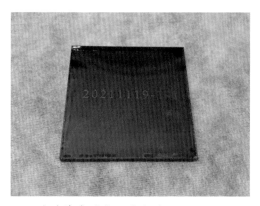

▲ 玻璃基底的太阳能电池

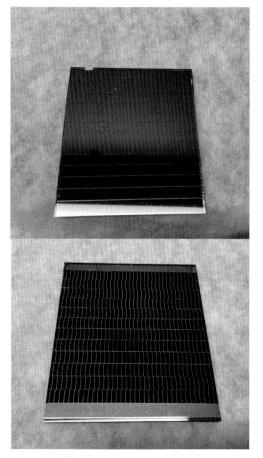

▲ 玻璃基底的铜铟镓硒（CIGS）太阳能电池

尔森（Gerald L. Pearson）在实验中发现，将含镓杂质的硅片浸在锂溶液中形成 P-N 结，再经阳光照射，产生电流十分明显，于是推荐乔宾改用硅材料制作太阳能电池。经过几个月的设计改良，1954 年 4 月 25 日，贝尔实验室第一个实用的单晶硅太阳能电池问世，示范表演中，太阳能电池板成功驱动一座玩具摩天轮的旋转和一台无线电发报机的工作。

在太阳能电池发展的最初阶段，硅材料的制备工艺日趋完善，硅材料的质量不断提高，直到 20 世纪七八十年代，太阳能电池的研发进展中，单晶硅太阳能电池始终独步天下。将高纯度单晶硅材料制作的电池片，黏合并密封在钢化玻璃面板与高分子等材质的背板间，这样制成的太阳能电池直到现在，仍是硅基太阳能电池中技术最成熟、光电转换效果最好的一种。

但当时的单晶硅太阳能电池存在工艺复杂、原材料成本高、损耗大等缺点，这也促使科学界对新型太阳能电池制造技术的进一步探索。20 世纪 80 年代以来，欧美一些国家从事太阳能电池的研制过程中，逐渐丰富了制造材料，从单一的高纯度单晶硅发展到多晶硅、非晶硅，乃至硅系材料之外的化合物半导体与有机物半导体等。而工艺也在原有单晶硅切片为制

▲ 单晶硅太阳能电池正反面

造基础的手段上，衍生出众多高科技工艺方式，令原材料的使用厚度从晶体硅切片大约0.3毫米，直降了将近百分之一，达到数微米，同一受光面积之下，非晶硅太阳能电池大幅减少了原料的用量，并可以利用价格低廉的玻璃、塑料、陶瓷、石墨、金属片等不同材料作为基板，甚至可以以可卷曲的塑料或者金属箔为衬底，制造出可以卷曲的薄膜太阳能电池，制造成本与应用范围比晶体硅太阳能电池更具多样化。

薄膜太阳能电池当中最有前途的一类，当属柔性太阳能电池。这种太阳能电池具有质量轻、柔韧性好、收纳比高等优点，用途十分广泛，应用领域涵盖太阳能帆船、太阳能飞机、太阳能背包、太阳能帐篷、太阳能手电筒、太阳能汽车等。由于薄膜太阳能电池能满足非平面构造，因此可以集成在窗户或屋顶、外墙或内墙上，跟建筑材料做整合性运用，甚至可以做成建筑的一

▲ 太阳能背包

部分，这也就令光伏建筑一体化有机会成为这种电池的一个重要拓展方向。2016 年 3 月，中国科学家研制出新型柔性太阳能电池，专家认为，该成果有望用于发展智能温控型太阳能电池及可穿戴太阳能电池。

2019 年 12 月 27 日，中国空间技术研究院研制的"实践二十号"卫星在海南文昌随"长征五号"火箭成功飞天，哈尔滨工业大学研制的"基于形状记忆聚合物智能复合材料结构的可展开柔性太阳能电池系统"成了搭载此卫星的重要乘客。这一新型柔性太阳能电池系统于 2020 年 1 月 5 日成功完成了关键技术试验，在国际上首次实现了基于形状记忆聚合物复合材料结构的柔性太阳能电池的在轨可控展开。

从 1954 年第一个硅基太阳能电池诞生至今，太阳能电池已取得极大发展，而柔性太阳能电池的进步，更使人感到未来可期。薄膜太阳能电池因其衰减率低、弱光响应好、同等装机量情况下发电量更高且可轻质化、弯曲以及折叠等优势，具有广阔的市场前景，可以说是代表了太阳能电池未来发展的新趋势。不过，目前薄膜太阳能电池光电转换效率较低仍是这种工艺的短板，这也将是科学家们进一步去攻克的方向。

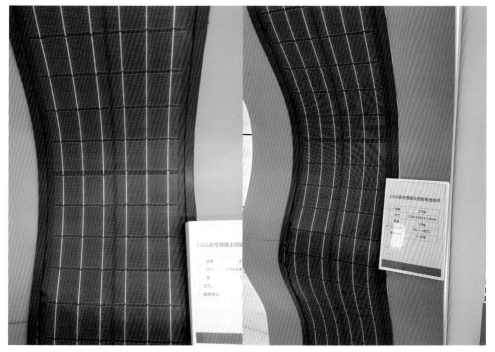

▲ 铜铟镓硒（CIGS）柔性薄膜太阳能电池组件

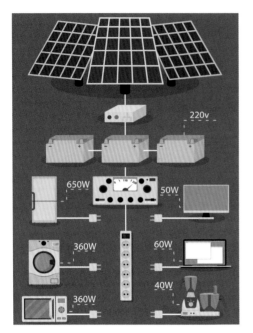

▲ 被广泛应用的太阳能

材质与成本、效率

太阳能电池就是利用光伏效应，将太阳能直接转换为电能的一种装置。根据所使用材料的不同，太阳能电池可分为三种：硅半导体太阳能电池、化合物半导体太阳能电池和其他新型太阳能电池。其中，硅半导体太阳能电池的技术最为成熟。硅半导体太阳能电池以晶体硅材料为主要材料。晶体硅是一种带有金属光泽的灰黑色固体，熔点高、硬度大、有脆性，在常温下其化学性质不活泼。

自从 20 世纪 70 年代，太阳能电池从太空回归地面，并成功商品化以来，硅半导体太阳能电池就占据了绝对主流的位置。现在它的市场占有率超过 90%。科学家预测，在今后相当长一段时期内，晶体硅仍会是太阳能电池的主流材料。

老牌劲旅——硅半导体太阳能电池

硅半导体太阳能电池可分为单晶硅太阳能电池、多晶硅太阳能电池和非晶硅薄膜太阳能电池三种。

◆ 单晶硅太阳能电池：能力强的老大哥

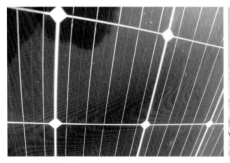

▲ 单晶硅光伏组件

▲ 多晶硅太阳能电池

单晶硅具有准金属的物理性质，有较弱的导电性，其电导率会随温度的升高而增加，有显著的半导体特性。超纯的单晶硅是本征半导体。

晶体硅结构为金刚石结构。这种结构的特点是内部存在相当大的空隙。科学家就会往超纯单晶硅中掺"杂质"，以此来提高它的导电率。例如，掺入微量的硼后，就形成了 P 型硅半导体；如果掺入微量的磷或砷，就形成了 N 型硅半导体。这两种极性相反的半导体组成 P–N 结后，就形成了内建电场，能够驱动电子进入电路，在电路中形成电压和电流。

单晶硅太阳能电池是目前光电转换效率最高、技术最成熟的一种太阳能电池。在实验室，电池片的最高转换效率为 26.7%；规模生产时，电池片的效率为 21% ~ 23%。因此，在大规模应用和工业生产中，它仍牢牢占据主导地位。

◆ 多晶硅太阳能电池：性价比较高的好选择

多晶硅是一种灰色或黑色，且具有金属光泽的等轴八面晶体。它也是制造单晶硅的原料。以前必须先把多晶硅制成单晶硅，才能用于制造光伏电池。科学家发明多晶硅电池后，可直接用多晶硅制造光伏电池。与单晶硅太阳能电池相比，多晶硅太阳能电池在 21 世纪的前 15 年就实现了更低廉的成本目标，实验室的电池片最高转换效率为 23.3%，工业规模生产的电池片转换效率为 18% ~ 20%。虽然它的转换率还比不上单晶硅太阳能电池，但相差不远，其转换率明显高于非晶硅薄膜太阳能电池。

综合来说，多晶硅太阳能电池的性价比较高，其市场占有率曾经大大超过单晶硅太阳能电池。近两年，由于具有效率优势的单晶硅太阳能电池的价格下降明显，目前单晶硅太阳能电池已占据市场绝对优势。

▲ 多种太阳能电池

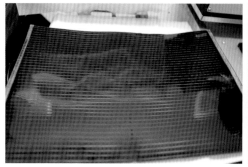

▲ 非晶硅太阳能电池

▲ 非晶硅太阳能电池背面，其为不锈钢衬底

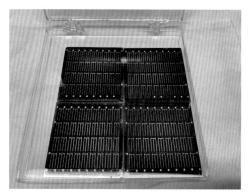

▲ 化合物半导体太阳能电池之铜铟镓硒（CIGS）太阳能电池

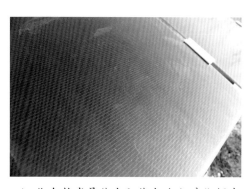

▲ 化合物半导体太阳能电池之碲化镉光伏组件

◆ 非晶硅薄膜太阳能电池：探索路上的新尝试

非晶硅具有较高的光吸收系数，而且制备非晶硅太阳能电池的工艺和设备简单，因为它可以沉积在多样化的衬底上，易于实现大面积化；另外，制备非晶硅太阳能电池能耗较少。这些都是晶硅材料所不具备的优点。非晶硅薄膜太阳能电池是一种新型光伏器件。它使用了玻璃、塑料、陶瓷、石墨和金属片等廉价材料做电池基板，因而成本在三种电池中是最低廉的。目前，它的工业规模生产的转换效率最高可达12%。

然而，世界上没有十全十美的事。一直以来，非晶硅薄膜太阳能电池都有一个缺点，即光电转换效率较低。受制于材料引发的光电效率衰退效应，其稳定性不高，直接影响了它的实际应用。一旦解决了非晶硅薄膜太阳能电池的稳定性问题及提高转换率问题，它还是有可能成为太阳能电池家族中的一名重要成员。

尚有发展空间的新型电池——化合物半导体太阳能电池

除了硅以外，科学家们还开发出了新型的半导体材料，用以制造太阳能电池。目前发展较为成熟的是化合物半导体材料，即以化合物半导体为基体制成的太阳能电池。这些化合物半导体的优点有光电特性优异、稳定性高且易于加工制造等，因而它们可制成高效或超高效且低成本大面积薄膜太阳能电池。具有代表性的化合物半导体太阳能电池有砷化镓太阳能电池、碲化镉太阳能电池和铜铟镓硒太阳能电池。

化合物半导体太阳能电池在太阳能电池家族里以"高光电转换效率"而著称，如单结砷化镓太阳能电池，转换效率最高可超过29%；以化合物作为重要组分的太阳能电池，如多节叠层聚光太阳能电池，转换效率最高可达47%。单就转换效率来讲，化合物半导体太阳能电池可谓极具开发价值。

在化合物半导体太阳能电池的研发上，中国已经走在了世界前列。国家能源集团直属机构——北京低碳清洁能源研究院（以下简称国家能源集团低碳院）自主开发的柔性衬底化合物薄膜电池有源层钝化技术，使电池效率提升约1%（绝对值）；自主开发的薄膜电池"绿色"制造技术解决了制造过程中的重金属排放问题，实现了全绿色低成本制造。这为化合物薄膜电池制造行业提供了新的方向。该研究院开发的柔性化合物薄膜电池不仅功率重量比高，而且抗辐照能力强，弱光响应好，是目前为数不多的可商业化的柔性轻质光伏电池之一。

这是扫描电镜下观察铜铟镓硒电池的剖面结构图。

▲ 化合物半导体太阳能电池之铜铟镓硒（CIGS）光伏组件

▲ 铜铟镓硒电池剖面结构

▪ 什么是CIGS薄膜光伏?

　　铜铟镓硒 (CIGS) 太阳能电池采用物理和化学方法，在刚性衬底（如玻璃）和柔性衬底（如PI和不锈钢）上沉积的铜、铟、镓、硒 (Cu、In、Ga、Se) 四元化合物薄膜作为吸收层，再结合其他功能层形成光电转换器件。由于CIGS吸收系数超过 10^5 cm^{-1}，因此，吸收层厚度仅仅2微米，远远低于传统晶硅吸收层厚度200微米以上，所以被称为薄膜电池。吸收层的光生载流子通过自扩散以及漂移运动到达外电路正负极，传输给外部电路负载，从而向负载提供电能。

　　多个铜铟镓硒太阳电池通过内级联工艺串联到一起，经过封装以后，形成铜铟镓硒太阳能组件。

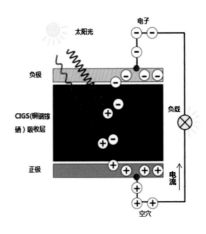

▲ 铜铟镓硒薄膜光伏

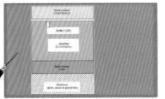

这是CIGS薄膜电池结构：最下面是衬底，多由玻璃、金属和塑料组成，再往上是钼（Mo）背电极，然后是P型CIGS吸收层，此为核心层，即为光吸收层CIGS薄膜，N型CdS（硫化镉）缓冲层，最上面是本征氧化锌层和N型铝掺杂氧化锌层。

为了防止CIGS薄膜电池因风吹日晒和雨淋而损坏，一般电池会以组件的形式来应用，也就是在原有薄膜电池的基础上再用EVA和钢化玻璃进行封装。

▲ 铜铟镓硒电池结构

　　2019年6月，中国首个200千瓦村级铜铟镓硒分布式光伏发电站——宁波横坎头村分布式屋顶发电站项目竣工。竣工仅2个月，该光伏发电站就已累计发电44.86兆瓦时，成为光伏助力美丽乡村建设的典型案例。

　　化合物半导体的出现，不但极大地丰富了太阳能电池家族，也拓宽了光电材料的研究范围。随着科学技术的不断进步，化合物半导体的制作方法仍会不断提高，而化合物半导体太阳能电池也会越来越先进。

▲ 2018 年 11 月 5 日，国家能源集团和碧桂园集团合作建设的惠州潼湖科技创新小镇建筑光伏一体化（BIPV，光电建筑）科技示范项目竣工

异军突起的新型电池——钙钛矿太阳能电池

有机无机卤化物钙钛矿太阳能电池具有光吸收系数高、载流子扩散长度长、带隙可调等优点，有望促进光伏技术进一步发展。

2009 年，日本科学家宫坂力（Miyasaka Tsutomu）等人首次采用三碘合铅（Ⅱ）酸甲铵（$CH_3NH_3PbI_3$）敏化纳米多孔二氧化钛（TiO_2），发明了钙钛矿太阳能电池，转换效率为 3.81%。多年来，科研人员对其投入极大兴趣。目前，单结钙钛矿电池的转换效率已达到 25.5%，钙钛矿 / 硅叠层太阳能电池的转换效率已达到 29.5%。

可以预见，在各学科科研人员的共同努力下，钙钛矿及其叠层太阳能电池将在未来能源领域中发挥重要作用。

▲ 钙钛矿太阳能电池

向大自然学习的成果——有机半导体太阳能电池

人类看到鸟儿在天空中飞翔，经过长时间的研究和探索，最终造出了飞机；人类看到水禽在水中游弋，经过思考和实践，制造出了船只……总之，通过不断地向大自然学习，人类为自己赢得了更为舒适、便利的生活条件。在太阳能电池的研发方面也不例外。很早以前，科学家们就想模拟植物的光合作用，开发出一款既实用又没有污染的太阳能电池。为此，他们选取了有机材料，构成太阳能电池的核心部分，制造出了有机半导体太阳能电池。这种电池主要是以具有光敏性质的有机物作为半导体的材料，借助光伏效应来实现太阳能发电的效果。

按照半导体的材料，有机太阳能电池可以分为单质结构、P-N 异质结结构、染料敏化纳米晶结构等。第一个有机光电转化器件在 1958 年就诞生了，但是光电转换效率非常低，尽管在 20 世纪的 80 年代和 90 年代，有机太阳能电池的研制都曾取得过不小的进展，然而直到现在，效率低下仍然是限制它大规模应用的主要原因。

不过，与无机半导体材料相比，有机半导体具有成本低、可溶液加工、材料多样、功能可调、可柔性及大面积印刷制备等诸多优点。因此，除了作为正常的发电装置外，

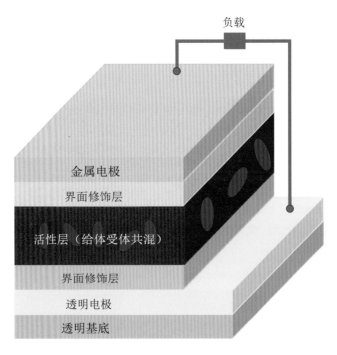

负载

金属电极

界面修饰层

活性层（给体受体共混）

界面修饰层

透明电极

透明基底

▲ 有机半导体太阳能电池

有机半导体太阳能电池在其他领域，如节能建筑一体化、可穿戴设备等方面亦具有巨大的应用潜力，是目前太阳能电池研究领域的热点。如果能在转换效率上取得重大突破，有机半导体太阳能电池必会成为人们的首选。

据报道，近年来中国南开大学课题组研制出的有机太阳能材料，光电转换效率达到了17.3%。目前，有机太阳能电池已有商业化应用。

说起CIGS电池的主要应用，其中之一是应用于大型地面发电站，大型光伏发电站是一种大规模的光伏阵列系统，通常装机容量在几十甚至几百兆瓦，并且以向电网供电为目的，全额上网。

▲ 大型地面发电站

光伏发电站，值得拥有

光伏发电站的"家庭成员"

一套完整的光伏发电系统包括太阳能电池方阵、蓄电池组、充放电控制器、逆变器、交流配电柜和太阳跟踪控制系统等设备。这些设备互相配合，共同实现将太阳能有效地转换为电能的重任。

▲ 国家能源集团国华投资新疆公司石城子光伏电站，装机容量30兆瓦

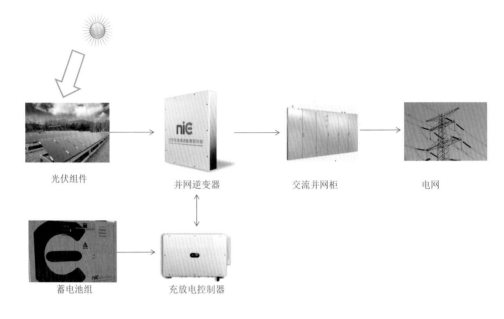

光伏组件　　　　并网逆变器　　　　交流并网柜　　　　电网

蓄电池组　　　充放电控制器

▲ 固定组件光伏发电站原理

　　太阳能电池是能量转换的器件，也是整套系统的核心所在。从理论来说，只要有光照就能发电，但实际上，月光与灯光之类发电的效率低得可忽略不计。太阳能电池将太阳能转换为电能后，需要将电能储存起来，这就轮到蓄电池大显身手了。

　　蓄电池的特性是既能储存转换所得的电能，又能随时向负载供电。这里所说的负载，是该光伏发电系统中其他需要用电的设备。为了确保能够将电能全部储存起来，必须确保蓄电池的容量足够大。所以系统配备的不是单个蓄电池，而是阵容更豪华

▲ 光伏逆变器

▲ 国家能源集团国华投资新疆公司兴民光伏发电站，装机容量 50 兆瓦

的蓄电池组。中国有句老话"过犹不及"，用在蓄电池身上也是很合适的。对于蓄电池来说，过充电和过放电都是大忌，会严重影响它的使用寿命；而蓄电池的循环充放电次数以及每次放电的深度，也是决定它使用寿命的重要因素。充放电控制器能够为蓄电池保驾护航，是系统不可或缺的设备。

手机一般会自带配套的充电器，该充电器实际是一个电源转换器，能将交流电转换为直流电。所以手机充电时实际使用的是直流电。光伏发电系统则正好相反。

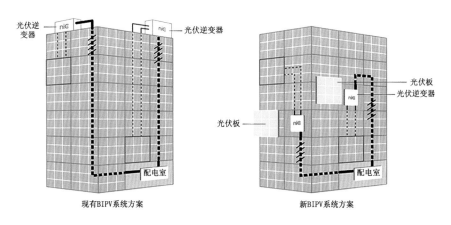

▲ 国家能源集团低碳院光伏逆变器原理图

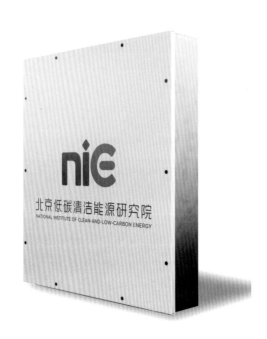

▲ 国家能源集团低碳院自主开发的全球首台全碳化硅高频隔离光伏逆变器

太阳能电池和蓄电池组中的电能是直流电，而负载所需的却是交流电。这时系统也需要类似于"电源转换器"的设备，好将直流电转换为交流电。这个设备就是逆变器。

逆变器是光伏发电系统中的一个关键设备。国家能源集团低碳院采用第三代半导体碳化硅器件，自主研发出全球首套超薄型 10 千瓦全碳化硅高频隔离光伏逆变器。它的厚度仅为 10 厘米，功率密度却是传统逆变器的 2.5 倍。它的体积小、重量轻，在光伏建筑一体化应用中可放置于光伏板与建筑物墙壁之间，不占用楼顶空间，因而提高了光伏板的可铺设面积。它既能满足高温工况下的运行要求，又可降低电缆整体使用量 50% 以上，减少发生高压直流拉弧的可能性。这不仅降低了系统成本，还提高了系统效率和系统安全性。因此，该款逆变器可用于构建低成本、高效率的光伏建筑一体化电气系统。

太阳每天东升西落，光照角度每时每刻都在发生变化。正应了朱自清先生的那句"太阳他有脚啊，轻轻悄悄地挪移了"。用太阳能电池发电时，光照越强，转换的电能就越多。这让人不禁感慨：如果太阳能电池板也长脚就好了，这样就能追着太阳跑，时刻保持正对太阳的姿势！

太阳跟踪控制系统就是让太阳能电池板"长脚"的神器。它会自动计算出太阳所在的位置，并实时调整太阳能电池的朝向，以实现光照的最大化。这样一来，太阳能发电系统的发电效率就能达到最佳状态。

光伏发电系统搭建完成后，光伏发电站的核心就建设好了。接下来，人们将它与电网相连，就能向电网输送电能了。

不过"金无足赤、人无完人"，光伏发电站也不能例外。太阳能的能流密度很低，为了"捕捉"更多的太阳能，光伏发电站只能使用"广撒网"这一招了。也是因此，所铺设的太阳能电池往往要占用巨大面积。

一年分四季，每天又有昼夜，还存在阴晴雨雪等气象条件，这也会影响太阳能的能流密度。所以光伏发电站所发的电量不是恒定不变，而是有多有少。这就给电网带来波动性。电网必须立刻进行干预，以确保自身的稳定性。

此外，大量电力电子元件的接入，会带来谐波污染。谐波不仅会使电能的生产、传输和利用的效率降低，而且会损坏电气设备，所以必须添加谐波装置。这就会增加额外的成本。

即使有以上这些缺点，但是瑕不掩瑜。光伏发电站不仅是真正绿色的电力开发能源项目，也是世界各国鼓励力度最大的电力开发能源项目。

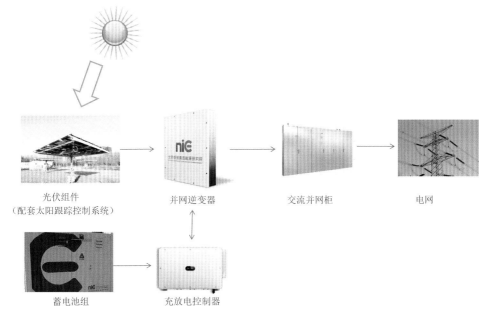

光伏组件
（配套太阳跟踪控制系统）　　　　并网逆变器　　　　交流并网柜　　　　电网

蓄电池组　　　　充放电控制器

▲ 支架跟踪系统光伏发电站原理

光伏发电站的分类

光伏发电站可分为独立式光伏发电站和并网式光伏发电站。其中，并网式光伏发电站又可分为集中式光伏发电站和分布式光伏发电站。

◆自力更生：独立式光伏发电站

独立式光伏发电站，也叫离网式光伏发电站，是应用于偏僻山区、无电区、海岛、通信基站和路灯等应用场所的光伏发电站。其所发的电能不接入公共电网，只供给自身使用，因而属于孤立的光伏发电站。独立式光伏发电站无须架设输电线路，即可实现就地发电供电，具有建设周期短、获取能源时间短的优势。它的建设不受地域限制，可与现有的建筑物相结合，灵活性很强。它所提供的能源不但质量高，而且永无枯竭危险。整个过程中，它不需消耗燃料，无噪声、无污染排放、无公害，做到了真正意义上的安全、可靠和环保。

　　建设这种光伏发电站的目的，主要是为了解决偏远地区的无电问题。因为没有电网的支持，所以其供电的可靠性受到气象环境、负荷等因素影响很大，供电的稳定性也相对较差。为了改善这种情况，需要加装蓄电池组等能量储存设备，以及充放电控制器等能量管理设备。这样就能将多余的电能存储起来，以备无光照的时候使用。

　　由于蓄电池组所能提供的是直流电，为了给交流负载供电，发电站还需要加装独立逆变器。这样就能将直流电逆变为交流电，从而为交流负载供电了。

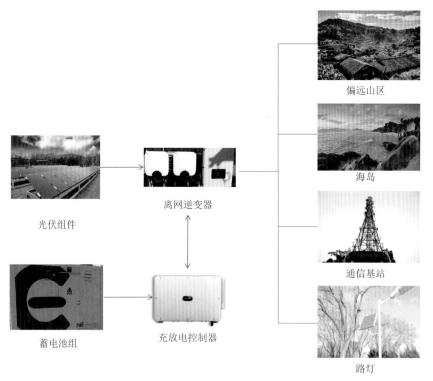

▲ 独立式光伏发电站

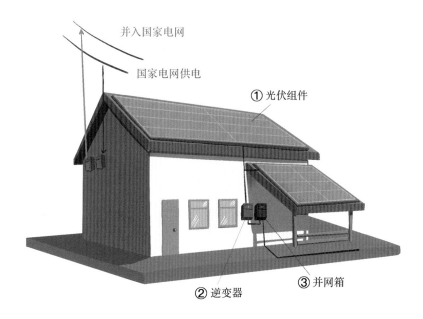

并入国家电网

国家电网供电

① 光伏组件

② 逆变器

③ 并网箱

▲ 并网式光伏发电站

◆ 同心协力：并网式光伏发电站

相比独立式光伏发电站，并网式光伏发电站省掉了蓄电池储能和释放的过程，减少了其中的能量消耗，节约了占地空间，还降低了配置成本。这类发电站通常由光伏电池方阵并网逆变器组成，不经过蓄电池储能，通过并网逆变器直接将电能输入公共电网。

并网式光伏发电站分为集中式光伏发电站和分布式光伏发电站两种。

集中式光伏发电站，也被称为"集中式大型并网光伏发电站"，是利用荒漠地区丰富且相对稳定的太阳能资源，集中建设的大型光伏发电站。其所发的电能直接并入公共电网，接入高压输电系统供给远距离的负荷。这种光伏发电站的投资大、建设周期长、占地面积大，往往需要政府或大企业的支持才能建设。在中国，集中式光伏发电站属于国家级发电站，专门由国家来投资建设。集中式光伏发电站目标明确，一心只做大事，它发电动辄几十万千瓦，甚至几百万千瓦，绝对是名副其实的"发电大户"。因为身处沙漠，它必须得通过远距离传送，才能最终到达用户身边。旅途是如此艰苦，因此会有一部分电能"牺牲"在路上。

分布式光伏发电站是利用分散式的太阳能资源，装机规模较小且布置在用户附

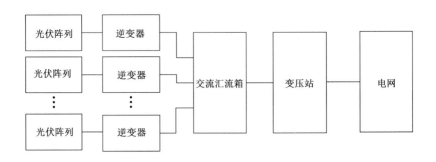

▲ 集中式光伏发电站原理图

近的中小型光伏发电站。发电一般接入低于 35 千伏或更低电压等级的电网。分布式光伏发电站喜欢"只扫门前雪"——发电先要给自己用，若有多余的电能才会上网。它的输出功率相对较小，一般只有几千千瓦，一旦不够用还得向电网索取。因此它必须接入公共电网，否则用户可能会面临无电可用的窘境。

进入 21 世纪，光伏发电站也如雨后春笋似的不断涌现。以中国为例，截至 2018

▲ 宁夏回族自治区首个自发自用分布式光伏项目，也是国家能源集团国华投资和宁夏煤业第一个新能源合作项目，是在自有矿井上利用自有供电设施，所发电力全供自己使用的清洁能源示范项目。图为航拍下的梅花井分布式光伏发电站

▲ 碲化镉光伏组件

▲ 屋顶分布式光伏

年年底，全国光伏发电装机已达到 1.74 亿千瓦，同比增长 34%。其中集中式光伏发电装机达 12384 万千瓦，同比增长 23%；分布式光伏发电装机达 5061 万千瓦，同比增长 71%。

▲ 光伏平瓦

分布式光伏发电站能便捷地安装在城市建筑物表面，大大节省了占地面积，因而近年来增速迅猛，已成为目前应用最广泛的光伏发电站。不过它只能在一定程度上缓解局部地区的用电紧张状况，并不能从根本上解决用电紧张问题。要从根本上解决用电紧张问题，还得依靠集中式光伏发电站。这两者应该是互为补充、携手共进。此外，在设计和安装分布式光伏发电站时，还必须充分考虑到民众对于城市环境美感的需求，它应该与周边城市环境协调发展，是美丽城市的组成部分，而不是美丽城市的"破坏者"。

▲ 国家能源集团低碳院微型光伏发电站

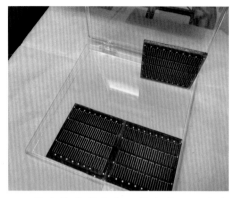

▲ 化合物半导体太阳能电池，具体为铜铟镓硒（CIGS）太阳能电池，其衬底为玻璃

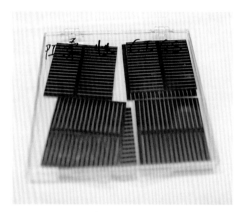

▲ 化合物半导体太阳能电池，具体为铜铟镓硒（CIGS）太阳能电池

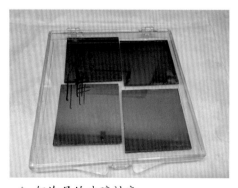

▲ 钼涂层的玻璃衬底

环保是道数学题

光伏发电站的全生命周期一般可分为生产、建设、运营和退役四个阶段。在它的生产和退役阶段，可能会产生较大的负面环境影响。它的负面环境影响主要来自两方面：一方面是废水、固体废弃物和废气，即"三废"的排放；另一方面是高耗能。

俗话说，"抛开剂量谈危害都是耍流氓"。"牛吃的是草、挤的是奶"，奶牛饲养业看似够环保，但是科学家发现，牛放的屁中也含有大量温室气体（9%二氧化碳，7%甲烷）。除了奶牛，还有其他种类的牛，据统计，全球有将近15亿头牛，每年排放的温室气体高达260多亿千克，约占全球温室气体总排放量的18%。所以在新西兰，每一位农场主都必须为他养的牛缴纳"牛屁税"。

以上这个例子说明，绝对无害几乎是不存在的。除了可以像新西兰那样，通过税收来调解发展经济与绿色环保之间的矛盾，也可以改进工艺，减少"三废"的排放。此外，还必须加强对"三废"的无害化处理，做到达标合规排放。这样就能尽最大可能减少对环境的伤害。

高能耗主要体现在晶硅电池产品的生产过程中。截至目前，晶硅电池仍然是太阳能电池的主流。也就是说，只要光伏产业仍在使用晶硅电池，高能耗就是一个绕不开的话题。对于这个问题，新能源行业自有一本账，即"能量回收期"。光伏发电站的能量回收期，是实现"自身所发电量 = 其一生所耗费的电量"的那一刻所需的时间。简单地说，就是需要多久能量才能回本。目前，太阳能电池以高效单晶 PERC[1] 为主。以市场最常见的 310 瓦（60 片）单晶 PERC 光伏组件为例，截至 2019 年年底，其能量回收期不到 1 年，约为 0.93 年。

▲ 国家能源集团低碳院薄膜沉积设备整体图

能耗关系到成本，也关系到光伏发电产业的前景。所以光伏发电行业一直致力于降低能耗方面的研究。据保守估计，2012 年至今，光伏组件的生产耗能降了 50% 以上。

光伏发电对环境的负面影响，还出现在它退役后如何处置上。欧美等国家在这一点上做得较好。这些国家都要求相关单位对光伏组件实现全生命周期的管理。也就是说，光伏组件退役后，会由厂商或者第三方派专人对光伏组件进行回收。这就杜绝了随意丢弃，避免造成严重的环境污染。这些退役的光伏组件中包含了金属以及其他有价值的部分，虽然它们的价值比较低，但仍有回收再利用的价值。

▲ 国家能源集团低碳院光伏电池电极加工设备整体图

目前，无论政府还是民间组织，都对环保问题越来越重视。相信不久的将来，中国的光伏组件回收产业一定也会迅速发展。

▲ 国家能源集团低碳院薄膜沉积设备溅射腔室

1 PERC, Passivated Emitter and Rear Cell，即钝化发射极和背面电池技术。

▲ 太阳能跟踪系统

第五章
物尽其用

随着科技的发展，人类对能源的需求进一步升级。太阳能是地球上最理想的可再生能源，世界各国的科学家都从各自领域出发，对太阳能进行深入研究。他们都在努力寻找太阳能利用的更佳途径，以求做到真正的物尽其用。

前景光明的光热发电

还记得古希腊学者阿基米德带领一群老弱妇孺，用镜子汇聚日光，点燃了古罗马侵略者船帆的故事吗？其实这种方法不仅能用来点燃侵略者的战船，还能用来发电。只要通过反射镜将太阳光汇聚到太阳能收集装置，并利用太阳能加热收集装置中的传热介质，通常是液体或气体，就能通过加热水形成水蒸气的方式来驱使发电机发电。

看到这里，大家是不是觉得有点眼熟呢？没错，这就是英国发明家埃涅阿斯在1892年的杰作——太阳能发动机。

埃涅阿斯当年所发明的太阳能发动机，已经实现了前三步，即通过集热器汇聚太阳光，加热水形成水蒸气，利用水蒸气带动机械装置。他的发明距离实现光热发电仅有一步之遥。然而这一步怎么也跨不过去，因为这种太阳能发动机的功率实在太小了，根本无法满足光热发电的需要。

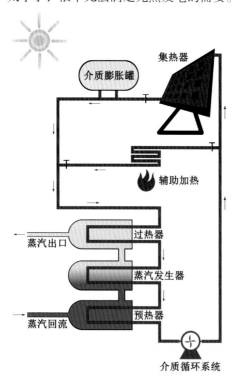

▲ 太阳能蒸汽机原理图

1901年，美国工程师成功研制出了7350瓦的太阳能蒸汽机。功率的提升为实现光热发电扫平了障碍。又过了49年，苏联设计出了世界上第一座太阳能塔式发电站。虽然这只是一个小型的实验装置，却标志了集中式光热发电的诞生。

光热发电是什么

集中式光热发电，简称光热发电，是指先使用反射镜或透镜，将大面积的阳光汇聚到一个相对细小的集光区中，即令太阳能集中；然后工作介质的温度会因为受到太阳光照射而上升，实现太阳能转换为热能；最后让热能通过汽轮机或其他设备转换为机械能，驱动发电机，从而产生电力。

一套完整的光热发电系统，通常是

由聚光装置、集热装置、蓄热装置和汽轮机发电装置这四部分构成。光热发电一般可分为塔式、槽式、碟式和菲涅尔式四种。它们的最大区别在于聚光装置，即定日镜的不同。

定日镜一般包括平面反射镜和跟踪结构两部分。反射镜既可用玻璃制造，背面镀银并涂保护层，也可用反光铝板制造。不管哪种材质的反射镜，都必须安装在反光镜托架上。将定日镜所采集到的阳光传送到接收器的形式，有点像超远距离投篮。篮球（定日镜）相比整个球场（定日场）来说是很小的，与球筐（接收器）的距离也很远，即使像姚明这样的高手也做不到每投必中。这就必须使用精准的跟踪定位，确保篮球（定日镜）每次都能投射在球筐（接收器）中。

与此同时，太阳也像"长腿"似的，阳光射入角度不停地在改变。这意味着定日镜不仅要能捕捉到阳光，而且被捕捉到的阳光还要精准地落在接收器上。所以，定日镜一般采用双轴跟踪结构——传感器跟踪与视日跟踪法并用。一套光热发电系统中往往有很多个定日镜。每个定日镜都会有独立的跟踪系统，不需集中控制。

光热发电所使用的工作介质一般为导热油或熔盐。光热发电不受昼夜或气候条件的影响。因为它可以利用工作介质，在白天将多余热量储存，到了晚间或需要的

▲ 青海中控德令哈10兆瓦光热发电站定日镜和吸热塔（浙江可胜技术股份有限公司 供图）

时候再将储存的热量释放，用于发电。因此，光热发电不仅能实现连续供电，而且能保证电流的稳定性，避免出现光伏发电的入网调峰问题。

光热发电作为一种集"清洁能源生产、储能调节和同步发电技术"于一体的绿色低碳新能源，可有效助力二氧化碳减排。据估算，配有储热装置的光热发电系统在其全生命周期中，二氧化碳的排放强度仅为 17 克/千瓦时，在各种能源形式中最低。同样是建设 300 兆瓦的发电站，光热发电站与火力发电站相比，每年可降低二氧化碳排放 69 万吨。

不过光热发电对地理环境的要求较高。它不仅要安装在太阳能辐射较好的地方，还必须安装在较平整的土地上。因而沙漠地区才是光热发电的最好选择。科学家做过测算，仅利用中国新疆广袤沙漠中的 100 平方千米区域产生的太阳热能，就能满足当时全中国的用电之需。事实上，仅新疆塔克拉玛干沙漠的面积，就已经高达 35.73 万平方千米。不过沙漠地区往往较为偏远，本地对于电力需求较弱，所以需要建设长距离的输电通道，将电力输送出去。这不仅会增加建设成本，也会增加电力损耗。

此外，光热发电站对于建设规模也有较高的要求。只有规模足够大，它才能有效地实现经济效益。综上所述，光热发电虽然有其优势，但其发电站的投资门槛较高，建设成本为光伏发电站的 2 ~ 3 倍。百兆瓦光热发电站投资就需要近 5 亿美元。投资大、风险高的缺点大大制约了光热发电的发展。

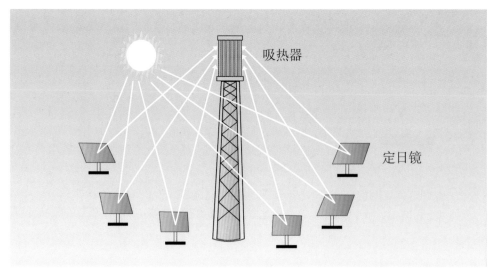

▲ 太阳能光热发电

光热发电的曲折发展

20 世纪 70 年代，"石油危机"的爆发让人们将目光转移到了太阳能技术的研究与开发上。以美国为首的工业发达国家，不约而同地将光热发电技术作为国家研究开发的重点。1980 年，"太阳" I 号塔式光热发电站在美国加利福尼亚州（以下简称加州）建成，装机容量为 10 兆瓦。运行一段时间后，又建造了"太阳" II 号。该发电站于 1996 年 1 月投入试验性运行。

与此同时，美国与以色列联合组建了鲁兹太阳能热发电国际有限公司（以下简称 LUZ 公司）。该公司致力于槽式光热发电系统的研究。1985—1991 年，该公司在美国加州沙漠中相

▲ 青海中控德令哈 10 兆瓦光热发电站吸热塔（浙江可胜技术股份有限公司　供图）

继建成了 9 座槽式光热发电站，总装机容量 353.8 兆瓦。与只是进行试验性运行的塔式光热发电站不同，槽式光热发电站实现了并网，成为最早进入商业运营的光热发电站。该公司原计划到 2000 年，在加州建成总装机容量达 800 兆瓦的槽式光热发电站，并同时将发电成本降至 5 ~ 6 美分 / 千瓦时。如果这一计划顺利实现，光热发电的成本就低到能与热力发电竞争的程度了，光热发电就真正打开了局面。然而计划永远赶不上变化，2000 年前，LUZ 公司宣告破产。

1981—1991 年，全世界总共建造了 20 多个兆瓦级的光热发电站。它们大多数是实验性质的塔式光热发电站，并没能真正投入商业运营。这些光热发电站的运行，暴露了其最大的软肋——成本太高，降低成本的希望渺茫。

与此形成鲜明对比的，是光伏发电技术的高歌猛进，就连财力雄厚的美国也改为大力发展光伏发电了。1991 年 LUZ 公司的破产，是光热发电由热转凉的标志性事件。1991—2006 年，光热发电技术进入了长达 16 年的停滞期。在此期间，全世界没有再建造任何一座新的光热发电站。

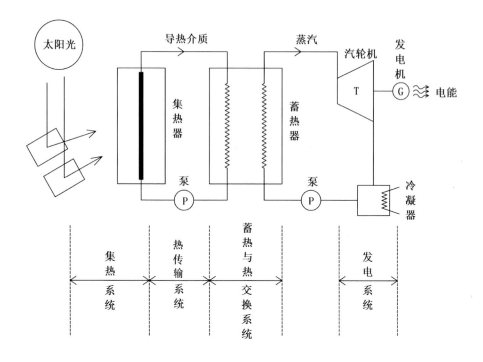

▲ 太阳能热发电系统结构图

光热发电技术的第二春，出现在 2007 年。美国"内华达太阳能"1 号光热发电站的并网，开启了光热发电的新篇章。

"内华达太阳能"1 号光热发电站，是光热发电站建设停顿 16 年后建成的最大槽式光热发电站。该发电站的设计功率为 64 兆瓦，最大功率可达 75 兆瓦。它的发电量能够满足 1.4 万个家庭的用电需求，年减排二氧化碳的数量相当于 2 万辆轿车的排放。

西班牙也开始大规模进军光热发电市场。位于西班牙安达卢西亚自治区格拉纳达省的安达索尔光热发电厂，一共建造了同等规模的三个槽式光热发电站，每个发电站的功率为 50 兆瓦。于 2009 年 3 月实现并网发电的"安达索尔"1 号发电站，是欧洲第一个商业化光热发电站。它创新性地采用了双塔式熔盐储热系统，储热塔高 14 米，直径 36 米，内装约 28500 吨熔盐。也是因此，该光热发电站能在无日光状态下全负荷持续运行 7.5 小时，大大增加了发电时间。据悉，仅"安达索尔"1 号发电站的发电量，就能满足大约 20 万人的日常用电所需。

与此同时，欧洲正在雄心勃勃地酝酿一个更宏伟的光热发电计划——"沙漠科技"（Desertec）计划。该计划旨在通过开发撒哈拉沙漠的潜能，为世界各地供应可持续电力。为了实现该计划，以德国为首的多个欧洲国家，于 2009 年 10 月成立了欧洲沙漠太阳能热发电行动计划合资公司。该公司计划投资 4000 亿欧元，在撒哈拉沙漠中建立世界上最大的光热发电项目。到 2050 年，该项目的发电量最高可达 100 吉瓦，相当于 100 座大型火力发电厂的发电量，可满足欧洲地区 15% 的用电需求。此外，该项目还会采用高压直流输电技术，将传输过程中的电能损耗降低到 10% 以下。

目前，西班牙和美国仍是光热发电领域的全球领跑者。不过，现在已经有越来越多的国家加入这一行列。那些太阳辐射资源较好的发展中国家和地区，由于地域优势，会拥有更好的发展前景。

中国的光热发电状况

中国对光热发电技术的研究，开始于 20 世纪 70 年代末。20 世纪 80 年代初，湖南湘潭电机厂与一家美国公司合作，成功研制出了功率为 5 千瓦的碟式光热发电装置样机。不过这仅仅是昙花一现而已。因为技术、工艺以及经费等原因，中国的光

▲ 青海共和 50 兆瓦塔式熔盐储能光热发电站中景（浙江可胜技术股份有限公司供图）

▲ 青海共和 50 兆瓦塔式熔盐储能光热发电站全景（浙江可胜技术股份有限公司　供图）　　▲ 青海中控德令哈 10 兆瓦光热发电站全景（浙江可胜技术股份有限公司　供图）

▲ 青海中控德令哈 50 兆瓦塔式熔盐储能光热发电站熔盐储罐（浙江可胜技术股份有限公司　供图）

▲ 青海中控德令哈光热发电站（浙江可胜技术股份有限公司　供图）

热发电项目不久就停止了。

2006 年后，国外光热发电发展很快，该项发电技术的前景逐渐明朗。中国也意识到了它的价值，开始加大对光热发电技术的投入与研究。经过长达 6 年的奋战，亚洲首个兆瓦级塔式光热发电站，即中国科学院电工研究所八达岭太阳能试验热发电站，于 2012 年胜利竣工。该项目使用了中国拥有完全自主知识产权的太阳能塔式热发电技术。

至此，中国不仅拥有了光热发电的完整技术链，而且在该领域成功进入世界先进行列。之后，中国的光热发电呈现出多种不同技术路线并行发展的局面，不断地涌现出让人耳目一新的创新性项目。

槽式导热油传热熔盐储热的发展最为成熟，其商业化程度最高。它分别采用了以导热油和熔盐为工作介质的双回路系统技术，转换功率是目前最高的。已实现并网发电的中广核德令哈50兆瓦导热油槽式光热发电项目，就是采用了这种技术。

以导热油和熔盐为工作介质的双回路系统技术，在两种工作介质进行热交换时，不可避免地会出现热损失。于是，人们就开始尝试只使用熔盐作为工作介质。之所以选择熔盐而不是导热油，是因为熔盐的沸点更高，可提升系统工作温度和发电效率。此外，只使用熔盐作为介质，可以使阀门管路更简单，运营维护更方便，整个系统也更加紧凑。不过由于工作温度的升高，对系统的安全性也提出了更高要求。目前在建的金钒阿克塞50兆瓦熔盐槽式光热发电项目，是全球最大的商业化熔盐槽式光热发电站。

在建的玉门鑫能50兆瓦熔盐塔式光热发电项目，是全球首个使用二次反射的商业化塔式发电站。所谓二次反射，就是在常规塔式的一次反射聚光基础上，增加

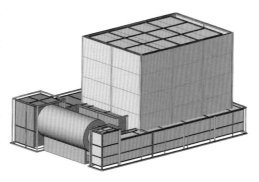

▲ 国家能源集团低碳院储热蒸汽系统结构图

▲ 国家能源集团低碳院高温储热系统装置

▲ 青海中控德令哈50兆瓦塔式熔盐储能光热发电站定日镜（浙江可胜技术股份有限公司 供图）

▲ 青海中控德令哈50兆瓦塔式熔盐储能光热发电站镜场（浙江可胜技术股份有限公司 供图）

▲ 国家能源集团低碳院开发的煤基高导热炭材料

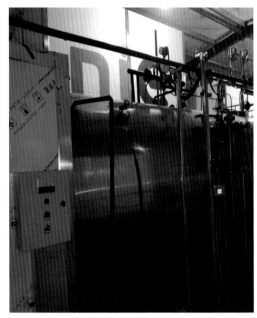

▲ 国家能源集团低碳院高温储热蒸汽系统

二次发射装置，使光线由传统的"定日镜（地面）—接收器（高塔）"变为"定日镜（地面）—定日镜（塔架）—接收器（地面）"。

这一创新虽然使光线传播的距离有所增加，但是输热管道的距离也随之缩短了。传播距离的增加所造成的损失很微小，输热管道的缩短所带来的效率增加却很显著。减得少、加得多，所以使用二次反射技术后，其发电效率将大于传统的塔式光热发电站。

除了传统的光热发电技术之外，中国还研制出了全新的类菲涅尔式混凝土储热技术。它不仅创造了东西轴斜面阵列高倍聚光系统，而且使用了极具颠覆性的技术线路，即以水为工作介质的过热蒸汽传热系统和固态混凝土储热系统。华强兆阳张家口一号 15 兆瓦光热发电站就使用了这种独特技术。目前该发电站已实现 24 小时连续发电。

国家能源集团低碳院在储热材料研发上取得突破，开发出以煤化工产品为原料的高温储热材料。使用该储热技术，可将光热发电系统的储热温度提高至 900 摄氏度以上，从而将热电转换效率提高至 50% 以上，光热发电效率提高至 30% 以上。该技术不仅可提高光热发电效率、降低发电成本，还能通过提高光热品质，将光热应用于无燃煤水泥煅烧、化工高温蒸汽裂解等领域。这对于实现碳达峰和碳中和具有重要意义。目前该技术正在进行储热系统的示范验证。

在取得成果的同时，一些创新性项目仍处于在建状态，其是否真的具有商业化价值，还有待时间的验证。不过可以肯定的是，随着科学家研究的深入，光热发电的前景一定会是光明的。

推陈出新的太阳能光化利用

太阳能光化利用是通过吸收光辐射而导致的化学反应，将太阳能转换为化学能的过程。它包括光电化学利用、光分解利用、光合作用和光敏化学利用。

用途特殊的光电化学利用

太阳能光电化学利用主要是指光电的化学转换，其关键部位是太阳能光电化学电池，由太阳能光电化学电池将太阳光辐射能转换为电能。

太阳能光电化学电池主要包括染料敏化太阳能电池和量子点敏化太阳能电池等。太阳能光电化学利用的转换效率较高。无论是染料敏化太阳能电池还是量子点敏化太阳能电池，都具有成本低、制备工艺相对简单的优点，在大面积规模化生产中优势非常明显。并且，由于所使用的原材料和生产工艺都是无毒、无污染的，部分材料还可以回收后再利用，对保护生态环境十分有利。

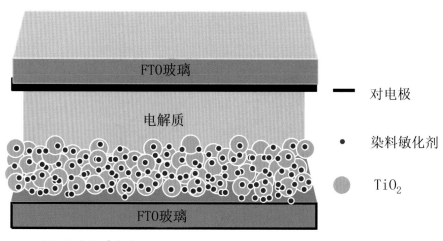

▲ 太阳能光化学电池

极具潜力的光分解利用

所谓光分解利用，就是一种反应物在太阳光照射下发生分解反应，生成多种新物质的过程。

◆光解水制造氢

光解水制造氢是太阳能光化学转化与储存的最好途径。这不仅是因为氢的燃烧热值极高，其燃烧所产生的热量大约为汽油的 3 倍、酒精的 3.9 倍、焦炭的 4.5 倍，也因为氢的燃烧产物是水，对环境毫无危害，更因为氢是便于储存和运输的可再生能源。

利用太阳能制氢是制造绿氢的主要途径，也是国家大力提倡的技术。目前主要可通过三种途径来实现利用光解水制造氢。

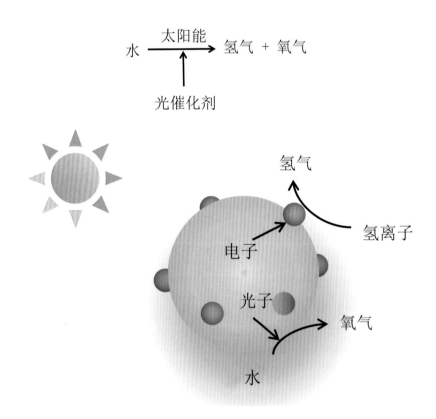

▲ 太阳能电解水制氢

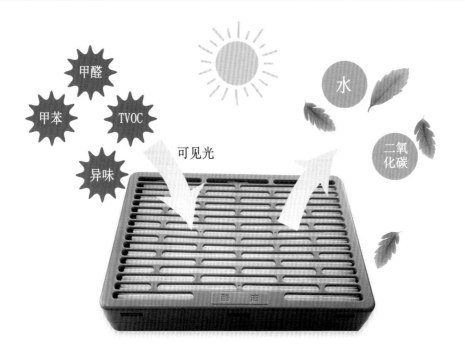

甲醛 甲苯 TVOC 异味 可见光 水 二氧化碳

▲ 北京依依星科技有限公司的光触媒净味除醛盒

第一种途径：使用光电化学池分解水制氢。利用光阳板吸收太阳能，并将光能转化为电能。光阳板通常是具太阳能活性的光半导体材料，受光激发会产生电子—空穴对。此时光阳极和对极（阴极）就组成了光电化学池。在电解质存在的情况下，光阳极吸光后会带上产生的电子流向对极，水中的质子则从对极上接受电子产生氢气。

国家能源集团低碳院推出了目前全球功率等级最大的 5.74 兆瓦直流制氢电源。该直流制氢电源已应用于国家重点研发计划"大规模风光互补制储氢关键技术与示范"项目，并将服务于 2022 年北京冬奥会。

第二种途径：光助络合催化制氢，即使用人工模拟光合作用分解水制氢。光合作用不仅通过光化学反应储存了氢，也储存了碳，可谓是一举两得。所以不管从太阳能的光化学转化与储存角度考虑，还是从碳中和的角度考虑，用这种方式制氢都是相当理想的。这里所说的人工模拟光合作用，主要是指模拟光合作用的吸光、电荷转移、储能和氧化还原反应等，而不是照搬植物光合作用的全过程。

第三种途径：半导体催化制氢，即将二氧化钛或硫化镉等光半导体微粒直接悬

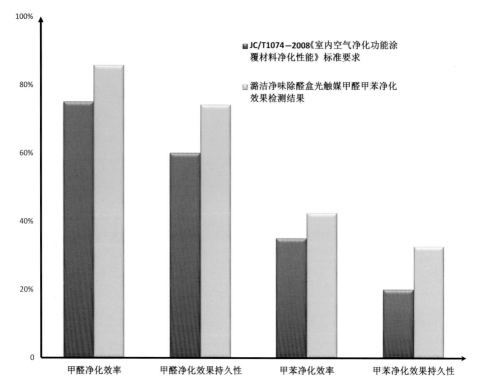

■ JC/T1074—2008《室内空气净化功能涂覆材料净化性能》标准要求

■ 潞洁净味除醛盒光触媒甲醛甲苯净化效果检测结果

甲醛净化效率　　　甲醛净化效果持久性　　　甲苯净化效率　　　甲苯净化效果持久性

▲ 北京依依星科技有限公司潞洁光触媒净味除醛盒甲醛甲苯净化效率检测结果

浮在水中，在光活性材料表面进行光解水反应制氢。这有点类似使用光电化学池分解水制氢，细小的光半导体颗粒可视为一个个微电极悬浮在水中，它们就像光阳极一样吸光。不同的是，它们的对极也被设想是在同一粒子上。

◆ 光触媒
光触媒可利用太阳光来分解污垢和有害物质。
现代都市建筑往往大量使用玻璃幕墙，玻璃幕墙会因灰尘和鸟屎等而变脏。为此每过一段时间就得请"蜘蛛人"——高空清洁工来清洁玻璃幕墙。由于涉及高空作业，清洁工作不仅昂贵而且危险。如果人们使用光触媒技术，将氧化钛镀在玻璃上就不一样了。这种特殊玻璃一受到阳光照射，就会自动开始分解污垢，等到下雨时，雨水会自动把污垢冲洗干净。
目前，这种使用光触媒分解污垢的技术已比较成熟。它不仅可以应用在玻璃上，

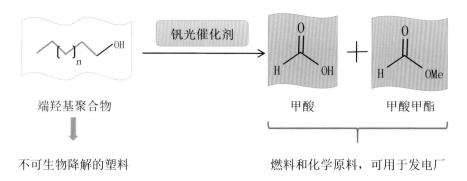

端羟基聚合物 → 不可生物降解的塑料

钒光催化剂 → 甲酸　+　甲酸甲酯

燃料和化学原料，可用于发电厂

▲ 光催化降解塑料原理图

还可以应用在大气、陶瓷、有机物制品、涂料等多种物体上，从而在楼宇、医院、冷库、养殖场、车辆和道路设施等多种场合起到消毒杀菌作用。不过污垢分解后会生成水和二氧化碳，不利于碳的减排。未来，如果它与碳捕集技术，特别是碳捕集中的"空气中直接捕集"技术相结合，就能获得更广泛的应用了。

◆ 光解塑料发电

有人说，地球已经是一个塑料星球。无处不在的塑料制品，不仅为人类带来了方便，也带来了白色污染。2019年，新加坡科学家发明了利用人造阳光将塑料分解为甲酸，并将用于发电的技术。这项新技术对环境友好，不会产生二氧化碳排放。一旦这项技术能获得突破，利用太阳能取代人造阳光，那么塑料所带来的白色污染将不再困扰人类。

探索奋进的光合作用

植物依靠叶绿素把光能转化成化学能，实现自身的生长与繁衍。如果能够揭示光化转换的奥秘，人们就可实现

▲ 国家能源集团低碳院直流制氢电源

用人造叶绿素来发电。

2011 年，美国哈佛大学和威斯生物工程研究所的研究人员受到树叶的启发，创造出一种可以通过光合作用将太阳能转化为液体燃料的"人造树叶"。这种"人造树叶"先通过特殊的催化剂，利用太阳光将水分解为氢气和氧气，再通过一种细菌，将二氧化碳加氢转化为液体燃料——异丙醇。

"人造树叶"进行的光合作用，开启了太阳能光化利用的新局面，为可持续能源的发展提供了新途径。不过"人造树叶"目前仅有 1% 的转化效率，严重制约了它的发展。为此，伊利诺伊大学的研究人员研究出了一种更高效、更廉价的新光化学电池。他们使用一组过渡金属硫化物（Transition Metal Dichalcogenides，TMDCs）的纳米结构化合物，与一种非常规离子液搭配作为电解液。由两个约 18 平方厘米大小的硅三联光伏电池，作为捕捉阳光的"树叶"。当阳光照射在该电池上时，"树叶"的阴极会产生氢气和一氧化碳气泡，阳极产生氧气和氢离子。由氢气和一氧化碳组

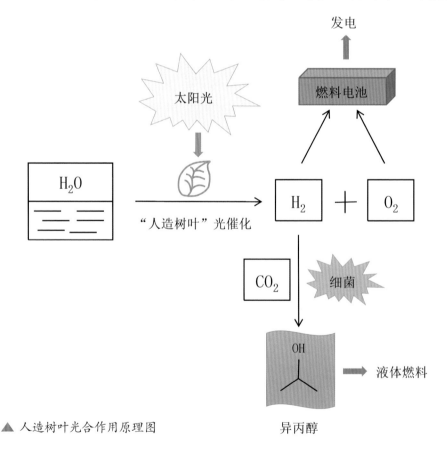

▲ 人造树叶光合作用原理图

成的"合成气"，不仅能直接燃烧发电，也能转化为柴油或其他烃类燃料，其成本和生产汽油相当。

这种光化学电池由于使用了高效廉价的新型催化剂，其催化速度比贵金属催化剂快 1000 倍，而价格降至原先的 5%。该技术不仅能大规模用于太阳能发电站，也可以小规模使用。如果用它来发电的话，成本与使用传统化石能源差不多。它的设计团队坚信，等人类移民火星之时，就是这种电池大放光芒的时候。因为火星上的二氧化碳浓度高达 95.3%！

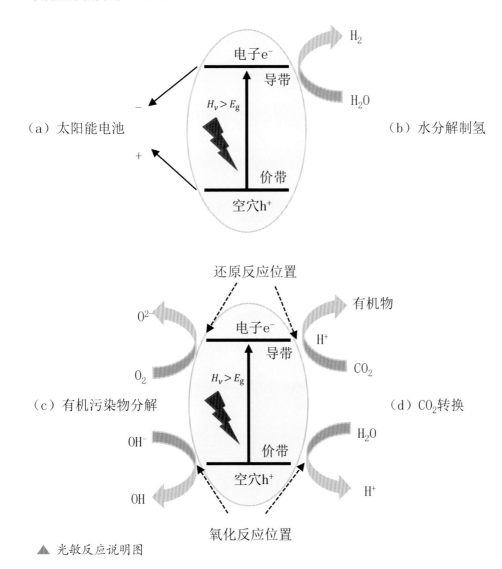

▲ 光敏反应说明图

大有可为的光敏化学利用

光敏反应是由光敏剂所引发的光化学反应。在此过程中，光敏剂本身并不参与化学反应，它只是吸收光子，并将能量传递给不能吸收光子的分子，促使其发生化学反应。

光敏化学利用并不是新事物，自从人类发明了胶片摄影后，它就一直陪伴在人类身边，为人类记录下各种有意义的瞬间。胶片摄影需要用到的感光材料，例如胶片、胶卷和相纸等，都是具有光敏特性的半导体材料。

如果人们使用具有光敏性质的有机物作为半导体的材料，以光伏效应而产生电压形成电流，就能制成有机太阳能电池。这种新颖的有机太阳能电池因为具有质地柔软、质量轻、颜色可调、可溶液加工、可大面积印刷制备等特点，成了目前太阳能电池研究领域的热点。目前制约其大规模发展的瓶颈，是转换效率低。如果其转换效率得到进一步提升，有机太阳能电池未来大有可为。

探索创新的燃油应用

近年来，太阳能燃油应用技术获得了广泛的关注。这是因为它不仅有利于推进太阳能的高效利用，还能减少温室气体排放，符合高效、低碳、清洁的要求。

逆燃烧！二氧化碳变燃料

欧盟一项最新的研究表明，通过逆燃烧，可以使二氧化碳变为燃料。该研究由

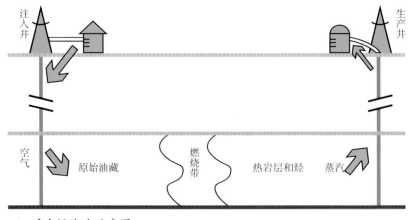

▲ 反向燃烧法示意图

欧盟多个成员方共同参与。从2011年6月开始，该研究团队就一直致力于太阳能燃油的研制。目前，他们已实现实验室规模的可再生燃油全过程生产。

该技术首先利用聚光装置所产生的高温能量，将水和二氧化碳转化成合成气。合成气的主要成分是氢气和一氧化碳。然后利用余热，将高温合成气转化成太阳能燃油。采用这种方式所生产的燃油，完全符合欧盟的飞机和汽车燃油标准。这意味着，人们不需对飞机和汽车发动机进行调整或改动，就能直接使用这种太阳能燃油。

二氧化碳的减排和再利用一直是全球热点。由于二氧化碳的化学性质较稳定，要将其转化为碳氢化合物的难度较大。很多研究者会选择先将二氧化碳溶于水，再转换合成，但二氧化碳在水中的溶解度较低。日本昭和壳牌石油公司却通过一项新技术，解开了这一难题。该技术的关键在于燃料电池中所使用的气体扩散电极，以及新研发的催化剂。使用两者后，在常温常压环境中，就能利用太阳能，将水和二氧化碳直接转化为甲烷和乙烯。该技术一旦投入工业化生产，就可减少二氧化碳排放，缓和温室效应对大气环境的影响。

每次丰收之后，农民都会面临处理秸秆的难题。烧不得，丢不掉，又没人要，真是让人挠头。中国科学院大连化

▲ 丰收之后的秸秆处理一直是农民面临的大难题

▲ 以秸秆为代表的生物质，是自然界中最大的可持续资源

▲ 藻氰菌，曾被称作蓝藻或蓝绿藻，能够通过光合作用，把二氧化碳和水"变"成燃料

▲ 二氧化碳的减排和再利用一直是全球热点

学物理研究所的研究团队经过长期探索，开发出了一种可利用光能来驱动生物质的产品，即甲基呋喃类化合物。在这种化合物的作用下，于常温常压的状态，就能利用太阳能和秸秆制成氢气，氢气将进一步被加工为高品质的柴油。以秸秆为代表的生物质，是自然界中产量最大的可持续碳资源。这一奇特的设想，不但为处理秸秆提供了新思路，也为清洁能源的生产提供了新思路。

美国焦耳生物技术公司（以下简称焦耳公司）表示，生产柴油不用那么复杂，只需要藻氰菌就可以了。这种被称为藻氰菌的微生物，是该公司在特制的光生物反应器中培养出的转基因微生物。藻氰菌通过光合作用，可将二氧化碳和水变成乙醇或柴油等燃料，之后再使用传统的化学分离技术，就能收集这些生物燃料了。焦耳公司还表示，每亩藻氰菌就可制造出约 1.38 立方米的柴油，其效率是海藻提取燃料的 4 倍。这种生物柴油的价格相当便宜，目前每桶只需 30 美元。

进入 21 世纪，日益加剧的温室效应引发了一系列全球性气候问题。世界气象组织就曾表示，由于二氧化碳等温室气体的排放增加，发生热浪的可能性至少增加了 150 倍。而 2021 年夏天发生在美国西部和加拿大的超级热浪，就印证了这一说法。

不管以上哪种技术成功进入商业应用，客观上都能起到减少大气中二氧化碳含量、改善地球温室效应的作用。随着太阳能技术的进步，或许有朝一日，二氧化碳真的能变害为宝呢。

破解太阳能燃料制备难题的中国创造

一直以来，太阳能燃料制备存在热化学循环反应温度高、辐射热损失大、不可逆损失严重等问题，这就导致了能量转换效率低。为此，中国科学院工程热物理研究所研制出了聚光太阳能化学链循环方法，成功破解了这一难题。

聚光太阳能化学链循环方法的主要原理是，天然气在聚光太阳能作用下还原载氧体生成一氧化碳和氢气，被还原的载氧体与空气等反应进行载氧体的再生，在此过程中生成的一氧化碳和氢气就是太阳能燃料。该方法不但能将热化学反应温度从1000摄氏度以上降低至600摄氏度左右，有效降低太阳能集热岛的辐射热损失，还能降低热化学反应的不可逆损失，具有将太阳能利用效率提升5%～10%的潜力。

为了进一步提高循环反应性，并降低反应温度，中国科学院工程热物理研究所还通过反应器的设计和反应循环的分离过程，对化学链制氢反应的反应路径进行优化，进一步提升反应性能。正是在中国科学家的不懈努力下，太阳能热化学循环制取太阳能燃料，被认为是近年来最具发展前景的聚光太阳能热利用方式之一。

▲ 青海中控德令哈50兆瓦塔式熔盐储能光热发电站雪景（浙江可胜技术股份有限公司 供图）

第六章
美好生活靠太阳能

太阳能是可再生能源中最引人注目的"白马"。它不但能有效降低碳排放，减少全球环境污染，还是人类美好生活的保障。

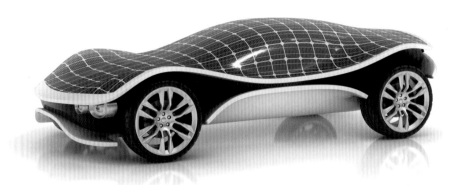

▲ 太阳能汽车

光伏应用篇

太阳能是能源界的"明日之星"。光伏发电作为最成熟的太阳能利用方式，已然并仍将继续改变人类的生活方式。

世界太阳能汽车拉力大赛：太阳能汽车高水平的代表

随着经济发展、城市面积扩大，汽车已成为人们日常生活中不可或缺的交通工具。传统汽车以燃油作为能源，其所排放的尾气中含有二氧化碳及其他有毒有害气体。几年前，中国国内不少城市都出现了雾霾现象。当专家寻找雾霾源头时，竟惊讶地发现，遍布城市的燃油汽车也是造成雾霾的罪魁祸首之一。

那么，是否有一种汽车既能满足人们的日常交通所需，又不会对大气环境造成污染呢？答案是太阳能汽车。

太阳能汽车使用太阳能电池将太阳光转换为电能，以此来驱使汽车发动机。与传统的燃油汽车相比，太阳能汽车既不排放二氧化碳，也不排放其他有毒、有害的气体，是名副其实的绿色环保无公害汽车。

早在20世纪70年代，人们就开始研究太阳能汽车了。1982年，丹麦冒险家汉斯·索斯特洛普（Hans Sostrop）发明了世界上第一辆太阳能汽车——"安静的到达者"号。之后，各种造型奇特的太阳能汽车，争相出现在人们的视野中。为了检验这些太阳能汽车的性能，更为了将绿色环保理念传递给更多人，人们举办了世界太阳能汽车拉力赛。1987年11月，第一届世界太阳能汽车拉力赛在澳大利亚举办。参赛者从北部的达尔文市出发，一路向南，最终抵达阿德莱德市。整个赛程长达3200千米，几乎纵贯整个澳大利亚国土。根据比赛规则，所有参赛的太阳能汽车必须使用太阳能动力跑完全程。来自 7 个国家的 25 辆太阳能汽车，参加了这次拉力赛。经过激烈角逐之后，来自美国的"圣雷易莎"号太阳能汽车，以 44 小时 54 分的成绩夺得了冠军。

"圣雷易莎"号不仅获得了冠军，还跑出了创纪录的速度——100 千米 / 小时。同样是使用硅太阳能电池，为什么"圣雷易莎"号就能快人一步呢？它取胜的秘诀来自其特殊的外形以及由超导磁性材料制成的电动机。

"圣雷易莎"号的外形类似飞机，"机翼"行驶时会产生向上的升力。这就能抵消车身的重量，让汽车变得"更轻"。超导磁性材料制成的电动机，其电阻更小、重量更轻、功率更大。因此，"圣雷易莎"号才能赢得冠军。

"圣雷易莎"号的成功，让太阳能汽车的设计者大受启发。之后参赛的那些太阳能汽车，设计者不但在太阳能电池的设计上煞费苦心，而且在车辆的设计制造上追求分量更轻、风阻更小。参赛车辆必须以超过 80 千米 / 小时的平均速度行驶，想要获胜，必须追求更高的速度。为此设计者不得不奇招迭出。21 世纪以来，拉力赛已成为一些脑洞大开的太阳能汽车"争奇斗艳"的舞台。当然，万变不离其宗，这些参赛汽车都安装了巨大的太阳能电池板。

如今，每两年一次的世界太阳能汽车拉力赛，已成为世界上规模最大、影响最广的太阳能汽车大赛。它不仅吸引了全世界的太阳能汽车拥趸者，也吸引了大众、通用、福特和宝马等国际知名汽车制造企业。比赛中表现优异的太阳能汽车，往往对电动汽车的设计产生深远的影响。国际知名汽车制造企业的加入，则加快了这些优秀"血液"商业化和民用化的步伐。如果由太阳能汽车取代燃气车辆的话，那么每辆汽车的碳排放量预计可减少 43% ~ 54%。考虑到全球汽车拥有的数量，这将是一个不可小觑的数字。

"阳光动力" 2 号：太阳能环球航行第一机

1999 年，瑞士探险家皮卡德乘坐热气球，开始了他的环球飞行。这趟飞行让他萌生出驾驶太阳能飞机环球飞行的念头。环球飞行结束后，皮卡德几经周折找到了曾在瑞士空军服役的飞行员波许博格。波许博格不仅是多项航空纪录的保持者，也是知识渊博的力学和热力学工程师。俩人一拍即合，决定制造出一架能环球飞行的太阳能飞机。

他们历时 13 年之久，耗资约 1.6 亿美元，终于成功制造出了"阳光动力" 2 号载人太阳能飞机。这架太阳能飞机不使用一滴燃料，其动力完全来自太阳能。它的

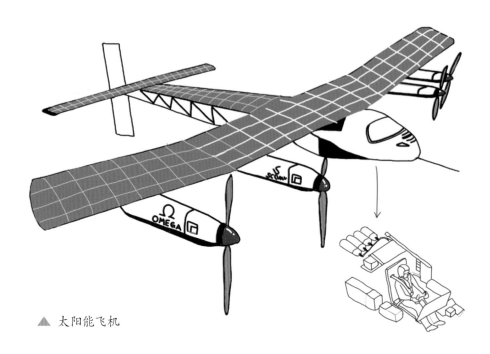

▲ 太阳能飞机

　　机翼、机身和水平尾翼上都安装着厚度仅为 135 微米的单晶硅电池，总数多达 17 248 块，覆盖面积达 269.5 平方米。为了安装这些单晶硅电池，"阳光动力" 2 号的机翼长达 72 米，超过了波音 747！也是因此，它是当时世界上最大的太阳能飞机。这些单晶硅电池的厚度只相当于一根头发丝，将太阳能转换为电能的效率却高达 23%，每天能产生 340 千瓦时的电量。可以说，它们实现了轻盈度、柔韧性和效率三者的最佳平衡。它们所发的电量足以带动安装在飞机上的 4 台 13.5 千瓦的电动机。

　　此外，飞机上还安装了 633 千克锂电池。这些锂电池会将白天用不完的电能储存起来，用于阴雨天或夜间的飞行。这样，"阳光动力" 2 号就能实现昼夜连续飞行了。白天，"阳光动力" 2 号直接"汲取"太阳能转化为电能，可在 0.8 万 ~ 1 万米的高空飞行，最高速度可达 140 千米 / 小时；晚上，它依靠锂电池中的存储电量继续飞行，为节省能源，它的飞行高度会降到 1500 ~ 3000 米，速度也会下降到 50 ~ 70 千米 / 小时。更让人惊讶的是，如此庞然大物的重量却只有 2.3 吨，相当于一辆小型厢式货车的重量。"阳光动力" 2 号之所以能够如此轻盈，除了使用单晶硅太阳能电池外，还因为机体选用了重量极轻、承载力极强的蜂窝夹层结构碳纤维复合材料。

　　2014 年 6 月 2 日，"阳光动力" 2 号在瑞士的帕耶纳成功首飞。当时飞机飞行持续了 1 小时 45 分，最高飞行高度达到了 2.4 千米。在飞行过程中，飞机的各项技术指标均正常。2015 年 3 月 9 日，"阳光动力" 2 号从阿拉伯联合酋长国的首都阿布扎比启程，开始了环球飞行。皮卡德和波许博格担任驾驶员。俩人轮流驾驶飞机，自西向东飞行，依次抵达阿曼首都马斯喀特，印度的艾哈迈达巴德和瓦拉纳西，缅甸的曼德勒，中国的重庆和南京，日本的名古屋，美国的夏威夷、芒廷维尤和纽约，埃及的开罗。在此期间，它横跨了太平洋，创造了最长距离单人飞行纪录，以及 216 千米 / 小时的速度纪录。2016 年 7 月 26 日早上 8 时，"阳光动力" 2 号又一次回到了阿布扎比，完成了环球飞行的壮举。

　　"阳光动力" 2 号的成功不仅表明了驾驶太阳能飞机环球飞行不是梦，更向全世界推广了使用太阳能的理念。它就像一个醒目的标杆，吸引着后来者继续追逐、勇敢超越。

点亮全球项目：造福无电人口的电力全球计划

　　能享受现代文明所带来的便捷与舒适的原因之一，是因为人们生活在接入了电网的地方。电网为人们提供足以满足现代生活需求的电能。然而，2010 年全世界仍有 12 亿无电人口，这意味着他们只能依靠煤油灯、蜡烛、手电筒等进行照明。

　　为了改变他们的生存状态，世界银行集团提出了"点亮全球"项目，即让全球 12 亿无电人口用上电。该项目由国际金融公司和世界银行共同管理，并得到能源部

▲ 汽车已成为我们日常生活离不开的交通工具

门管理援助计划的支持，与制造商、分销商、政府和其他伙伴进行合作，共同建立和发展现代离网太阳能市场。

所谓离网太阳能，又称独立光伏发电系统，是不依赖电网而独立运行的系统。它主要由太阳能电池板、储能蓄电池、充放电控制器和逆变器等部件组成。对位于无电网地区或经常停电地区的家庭来说，具有很强的实用性。

鉴于全世界无电人口中近半数都居住在撒哈拉沙漠以南的非洲地区，国际金融公司与离网照明行业合作，于 2009 年在肯尼亚率先启动了点亮非洲试点项目。之后点亮全球项目的足迹遍布非洲，并已经启动了点亮亚洲项目。自 2009 年以来，点亮全球项目已经使 1.8 亿人受益，满足了超 5200 万人的基本用电需求，减少了约 4700 万吨二氧化碳当量排放。

在点亮全球项目与其他各方的共同努力下，全世界无电人口已经从 2010 年的 12 亿降低到 7.89 亿。即便这样，世界银行等撰写的《2020 年能源进展报告》仍预测，到了 2030 年，仍会有 6.2 亿人口无法获得电力，其中 85% 的人口位于撒哈拉沙漠以南的非洲。为此，点亮全球项目仍将继续致力于帮助这些人早日用上电。

光伏建筑一体化：低碳节能的代言者

随着人们对居住舒适度要求的提高，冬季取暖、夏季制冷已成为人们生活的常态。因此，建筑成了能耗大户。在发达国家，建筑物的能耗要占到全国总能耗的 1/3 以上；在中国，用于调节空气温度的能耗，大约要占到建筑物总能耗的 70%。很多人都曾

▲ 清洁低碳是能源发展的主导方向

CIGS电池适合BIPV（光伏建筑一体化）。CIGS电池外形美观，符合建筑美学要求；建筑物立面等场合，发电量损失更少（CIGS吸收系数105/cm，比晶硅材料高一个数量级）

▲ 光伏建筑一体化

体会过高昂的取暖费和制冷费所带来的心痛感觉。即便家境殷实，不必为高昂的费用担心，也得担心由此所带来的大量碳排放以及环境污染问题。那么，如何才能搞定"住得舒适"和"降低能耗"这对冤家对头呢？答案就在光伏建筑一体化技术中。

所谓光伏建筑一体化，就是一种将太阳能光伏发电方阵集成到建筑上的技术。一般来说，建筑物的围护结构表面都会采用涂料、装饰瓷砖或幕墙玻璃等建筑材料，以此来保护和装饰建筑物。我们可以用光伏组件来替代一部分建筑材料。而对于一些框架式结构的建筑物，可以把它的整个围护结构都做成光伏阵列。如此一来，这些光伏组件既能发挥建筑材料的功能，也能发挥光伏发电的功能，可谓是两全其美。

根据光伏方阵与建筑的结合方式不同，光伏建筑一体化分为两大类：一类是光伏方阵与建筑的结合。此时建筑物是光伏方阵的载体，起到了支撑的作用；另一类是光伏方阵与建筑的集成。此时光伏方阵是建筑不可或缺的一部分，离开它之后建筑就不完整了。目前以光伏方阵与建筑的结合使用最为普遍。中国的国家游泳中心（水立方）和国家体育馆等2008年奥运会场馆，就是采用了光伏方阵与建筑结合的方式。据《经济参考报》报道，在7个奥运场馆和奥运工程中，光伏并网发电系统的年发电量可达70万千瓦时，相当于节约了252吨标准煤，减少了570吨二氧化碳排放。其中奥运会主场馆"鸟巢"采用的太阳能光伏发电系统，总装机容量达到130千瓦。

　　光伏方阵与建筑的集成作为它的升级版，代表着未来光伏建筑一体化的发展方向。中国保定电谷城市低碳公园，是光伏建筑一体化城市综合体项目的亚洲代表作。低碳公园占地48亩（约为0.032平方千米），以光伏与建筑融合、打造"北方小南国"作为设计理念，集"光伏+"农业、服务业、科教、娱乐健身和休闲旅游于一体。园内的建筑物采用光伏方阵作为屋顶、东立面和南立面，建设规模约2.39兆瓦。据《河北日报》《燕赵晚报》等媒体报道，自2015年开园至今，低碳公园已经累计发电1050万度，相当于节约了4200吨标准煤，减少了10 469吨二氧化碳排放量。以2019年为例，全年累计发电约180万度，实际用电约330万度，使用光伏绿色电力的比例约为54.5%。由此可见，有了光伏建筑一体化的加持，低碳公园的"低碳"可谓名副其实。

　　光伏方阵安装在建筑物上，无须额外占用土地，也不会污染环境，获得的能源是取之不尽用之不竭的，特别适合寸土寸金的城市。光伏方阵在吸收太阳能的同时，还会大大降低室外的综合温度，减少墙体的受热，减轻室内空调的冷负荷。这就在客观上起到了帮助建筑节能的作用。

▲ 光伏家居

光伏智慧家居：一切皆在掌控之中

物联网让人们实现了在任何时间、任何地点，人、机、物的互联互通。借助物联网的帮助，智能科技渗入人类生活的方方面面，人类社会进入了智慧家居时代。

光伏发电的飞速发展，颠覆了传统的发电者和用电者的概念。过去消费者只能是用电者，现在既可以是用电者，也可以是发电者。随之带来了家电的革命。

日渐严重的温室效应导致了全球气候异常。高温酷暑与异常严寒反复来袭，人们只能依靠空调。众所周知，空调是吞金的"电老虎"。为此，格力空调专门推出了光伏空调。这款空调自带发电功能，开机后先用自己发的电量，不够用才从电网获取。不使用时，空调发的电还能卖给电网以获收益。

现代人都很在意自己的隐私，因而会装上窗帘。如果将普通的窗帘换作光伏智能百叶窗，不仅能隔绝他人的"好奇心"，还能根据阳光照射情况，自动调节叶片角度，以获得更多的太阳能，并将其转化为电能。

人们会用鲜花来装点空间，让居室变得更美。鲜花虽然美丽却很容易凋零，花瓶不用时还得费心收纳。如

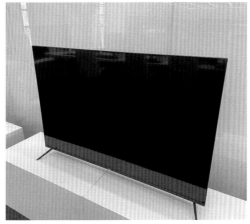

▲ 利用光伏组件发电进行供电的家用电器

果改用太阳能花瓶就不一样了。太阳能花瓶不但好看，还不用费心打理，平时晒一晒太阳就行了。这个花瓶实际是太阳能充电座，能够为手机或平板电脑等设备充电。

……

当然，仅仅这样还不能算是光伏智慧家居。只有当光伏接入物联网后，才诞生了光伏智慧家居。这意味着人们可以对光伏发电进行智能化管控：人们离开家后，空调和灯具自动关闭，等人们回家时，它们又第一时间自动开启。当光伏发电处于高峰时，热水器就自动开启，给水加热；扫地机器人开始工作；新风系统被打开，进行换气……当然在忙碌的同时，光伏智慧家居也不会忘记给太阳能花瓶充充电。毕竟人们的生活除了实用，还要温馨、舒适。

太阳能光伏电池：未来战场的主要能源

现代战争本质上就是能源战争。这不仅指战争的目的是能源，战场上拼的也是能源。飞机、大炮、坦克、雷达……哪个不需要耗费能源来驱动？

太阳能光伏发电因为使用方便、对环境友好、维护简单和使用寿命长等优点，被认为是解决战场能源供给的重要途径。因此，各国军方对它关注已久。只是过去太阳能电池的转换效率不高，制约了它在军事上的大规模推广。近年来，太阳能电池的关键技术取得了多项突破，转换效率也获得有效提高，大大推动了它在军事上的应用。

太阳能光伏发电站被认为是军事基地的最佳能源提供者。美国军方在加州沙漠中的欧文堡军事基地，建造了一个年发电量 500 兆瓦的太阳能发电站。印度军方在喜马拉雅山南侧建造了太阳能发电站。这些发电站不但提供了基地所需的电力，也

▲ 国家能源集团低碳院开发的柔性太阳能电池样片

▲ 国家能源集团低碳院实验太阳能设备源

▲ 国家能源集团低碳院太阳能电池制造用柔性不锈钢衬底

为政府财政减轻了压力。目前各国军方正逐步加大其在前方作战行动中的运用，以此来摆脱对传统电源的依赖。现代战争中，士兵执行任务时需要携带沉重的电池，以便随时为设备充电。为了减轻士兵执行任务时的负重，提高机动能力，各国军方都在大力研发可穿戴的便携式太阳能电池。美军研发出了一种细如铜丝、可随意弯曲的太阳能电池。把它织入作战服后，就能收集并存储太阳能了。士兵穿上这种特殊的作战服，在白天行走，就能化身为人型发电站，为所携带的手机、传感器和其他设备充电。日本也研发出了一种新型有机太阳能电池。这种电池呈薄片状，厚度只有 3 微米，在 100 摄氏度高温下仍能保持性能不变。所以只要用电熨斗熨烫，就能将其牢牢地粘贴在衣服上了，可谓是方便至极。日本计划用它作为智能作战服中内嵌传感器的电源。目前，依靠先进科技制造的轻质、柔软、可弯曲的化合物薄膜电池已经可以应用于军用级光伏一体化产品，例如装载于士兵背包上的太阳能发电装置，通过收集太阳能，可以在荒僻地区或边防环境里，大大增强巡逻电台等便携式通信装备的电力续航保障。类似功能的还有太阳能帐篷，也可以在一定程度上满足能源匮乏场所中的简单供电需求。

此外，现代战争中，新型太阳能远程图像侦查传输系统成为永不疲倦的"千里眼"，利用太阳能电池供电工作的这种装备，体型小便于携带，无须架设电缆线路，隐蔽性很强，放置在战场上，即可向指挥部实时传输战场环境，对战场信息的侦察与战局研判工作起到举足轻重的辅助作用。正因如此，这种太阳能系统备受各国军方的青睐。

战场的形势瞬息变幻，因而现代战争也被称为信息战争。哪一方先掌握了情报，就能获得先机，为己方在胜利天平上增加筹码。无人机能执行高空侦察、监视任务，

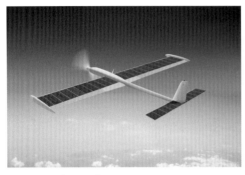

▲ 太阳能无人机

▲ 太阳能海上航行器

承担情报作战、通信中继的重任，是现代战争中的理想空中平台。只是一直以来，无人机受能源的限制，无法长时间执行任务。太阳能无人机的诞生，则打破了长久以来束缚无人机的桎梏。

太阳能无人机自带发电功能，因而无须携带燃料，就能拥有很长的续航时间。它使用灵活、运行成本低，不但可快速飞抵战区，执行无人机的常规任务，携带无线通信设备，还能成为卫星的替代品，构建起天地立体通信网络。

英国特种部队所装备的"西风"号太阳能无人机，被称为"高纬度伪卫星"。它能在2万米高空连续飞行一个多月，承担起对地实时监控和无线通信等任务。俄罗斯研制的"猫头鹰"号太阳能无人机，可在全球大洋、俄罗斯高纬度区域、北极等边远地区执行长期巡逻监察任务。它不仅能为俄罗斯各地，包括北极地区提供中继通信服务，甚至还能取代昂贵的低轨道观测和通信卫星。

太阳能无人机可在战场上大显身手，包括但不限于在核爆炸现场采样、长期盘旋在预定空域侦察敌情、校炮或为战斗机指引攻击目标等。它还能在地震、洪灾以及森林火灾中承担通信任务，使受灾地区得以与外界保持联络。目前，它已经成了真正的空中多任务机动平台。

21世纪是海洋的世纪。包括中国在内的世界各国，都将海洋权益视为国家的核心利益所在。海洋事关国家安全和长远发展，世界各国都在积极发展太阳能自主海上航行器。

太阳能海上自主航行器可进行海洋探测、定位与监控工作，并与岸基和水下仪器进行实时通信。它不仅能在海面航行，还能潜至水下，按指定路线航行。因为使用太阳能，它无须能源补给就能连续工作几个月，还是真正意义的零排放、无污染。2015年，美国军方展示了一艘由海浪波和太阳能混合驱动的自动化远程艇。该艇不仅能执行侦察监视、通信中继和数据传输的任务，还能承担水下地形测绘的任务。它在没有任何维护的情况下，就能在海上航行一年之久。

有人说户外产品是军用产品的衍生品。这话虽然说得有些绝对，但确实是有一定道理的。例如，登山用的帐篷和背包就是军用产品的衍生品；冲锋衣、防寒手套、登山鞋等户外产品的设计，都吸收了军用产品的科技理念。可以说，军用产品的模块式和便携式，一直在影响着户外用品。而太阳能帐篷、太阳能背包和太阳能作战服等，也同样会对户外产品产生积极的影响。事实上，当前的户外产品已经出现了光伏背包、光伏充电器、光伏帐篷等产品。

马斯达尔城：可持续能源之城

阿拉伯联合酋长国首都阿布扎比以盛产石油出名，颇有远见的政府却希望能够跳出石油经济。政府决定在阿布扎比附近建造一座新城市，给这座城市起名"马斯达尔"，意为"来源"。马斯达尔城毗邻阿布扎比机场。这座占地 6.4 平方千米的小城，夏天树荫下的平均温度也会超过 40 摄氏度。正是这火辣辣的阳光，造就了这座可持续能源之城。

▲ 马斯达尔城建在沙漠里

英国现代派建筑大师诺曼·福斯特（Norman Foster）爵士被请来担任这座城市的设计者。他曾获得第21届普利兹克建筑奖，是世界上最杰出的建筑大师之一。根据最初的设计理念，这座建造在沙漠中的城市会是世界上第一座可持续能源之城。它所使用的能源80%来自太阳能，其余则来自风能和氢能。在福斯特看来，这座城市不仅是"零碳排""零废弃"，而且是"零辐射"的。

整座城市以坐东北朝西南的走向兴建，以获得最佳的采光及蔽荫效果；每条街道限制在3米宽、70米长，以维持微气候稳定，并促进空气流通。同时，还专门设计了大量的植栽与水景设施，并通过风塔设施将凉风引入城内，以达到降温的目的。城内使用大众运输工具，并且全部是电动汽车，这就杜绝了燃油汽车所带来的碳排放和废气污染。

城中地标性建筑马斯达尔总部大楼，是商住两用大楼，除了有既定的办公空间之外，还有已规划的商场与住宅。大楼的顶部是一个超大的太阳能遮篷，这是这座建筑能够节能减排的秘密武器。曲折弯延的遮篷由11座玻璃结构柱作为支撑，向阳面铺设了大面积太阳能光伏电池。这些光伏电池所产生的电能首先用于大楼本身，有多余的再供给附近的楼宇。遮篷底部则做了曲面散光性结构设计。这种独特的设计不仅能减缓日光的直接照射，还能将光线散射到室内各个角落。

马斯达尔总部大楼是这座城市中所有建筑物的代表。即使它们的外形不同、用途不同，却都是低能耗、高效率的绿色环保建筑。因此，马斯达尔城每日只需约200兆瓦电能，比同等规模的城市节省了600兆瓦电能。

▲ 可持续能源之城所使用的能源，大部分来自太阳能

马斯达尔城的总投资金额高达220亿美元，原计划分为六期建设，并于2016年全数完成。但由于遭遇了金融海啸和原油价格大幅下跌，完工时间已延期至2025年。

光热应用篇

太阳能热水系统既可为人类提供热水，又可作为其他太阳能利用形式的冷热源。它是太阳热能应用发展中较具经济价值、技术最成熟，并且已成功实现商业化的一项应用产品。

太阳能热水系统：从热水器到制冷空调

太阳能热水系统是利用太阳能集热器采集太阳热量，并将采集到的热量传输到大型储水保温水箱中，将冷水加热为热水的能源设备。太阳能集热器是太阳能热水系统中最重要的组成部分。它性能的好坏，决定了整套系统的成败。

太阳能集热器主要包括平板集热器、全玻璃真空管集热器和热管式真空管集热器。

平板集热器和全玻璃真空管集热器的集热温度较低，适用于中、低温范围。在中国，这两种集热器主要用于制造太阳能热水器。1997年，中国太阳能热水器的年产量近350万平方米，其中，平板热水器约占45%，真空管热水器约占30%。

太阳热水器的主要用途是提供生活热水。然而一到夏天，太阳辐射强、气温高，它产热水的数量大、温度高。这些高温热水实在用不完，浪费了又觉

分布式光伏发电系统，是指位于用户附近，所发电能就地利用，以10千伏及以下电压等级接入电网，且单个并网点总装机容量不超过6兆瓦的发电项目。比如最常见的家用屋顶式太阳能热水器。

▲ 太阳能热水器

▲ 太阳能集热器

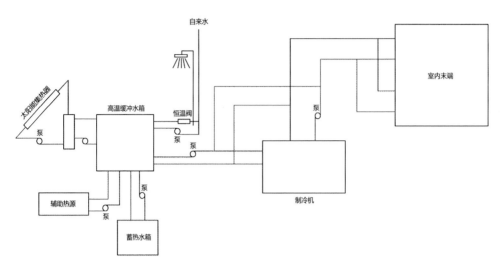

▲ 太阳能空调原理图

得怪可惜的。人们就开始琢磨如何让它来创造新的价值。太阳能空调就此应运而生了。

1998 年 6 月，中国第一座大型实用太阳能空调系统，在广东省江门市建成。该系统一共使用了 500 平方米太阳能平板集热器，为 600 平方米办公楼提供空调制冷服务。它的顺利运行，证明了利用太阳热水器实现空调制冷的可行性。至此，普通的太阳热水系统与太阳能空调系统在技术上实现了"接轨"。它为太阳能集热器开辟了更新更广的应用领域。

太阳能集热器是太阳能空调的关键部件，它的性能决定了太阳能空调的性能。在太阳能热水器时代，平板集热器因其价格便宜、安装方便，占据了主导地位。当它要用于太阳能空调时，高温段热效率偏低、表面热损过大等缺点就暴露无遗。而它的小兄弟全玻璃真空管集热器虽然集热效率更高，但承压能力较低，容易发生破裂。一旦有单管破裂，就会影响系统的整体运行，所以仍不是理想的空调集热器。

在此基础上，人们又研究出了热管式真空管集热器。这种新式太阳能集热器不但结构简单、安装简便，热损耗小，而且最高空晒温度可超过 220 摄氏度。因此，它是用于太阳能空调最理想的集热器。

互补型太阳能发电系统篇

常言道："金无足赤，人无完人"，所以人们既要看到自己的优点，也要想办法弥补自己的缺点。太阳能发电也不例外，于是就诞生了各种各样的互补型太阳能发电系统。

光伏－光热互补系统

当光伏发电时，光伏电池会发热，一部分太阳能会转换成热能散失掉。此时，内部芯片的运转会受到抑制，转换效率也会随之降低。太阳能集热器会把这部分热能收集起来，从而提高综合能量转换效率。当热量被带走后，光伏电池的温度降低，转换效率和输出功率随之提高。由此可知，光伏和光热完全能够有机结合，实现优势互补。

人们之所以不用"光伏－光热互补发电系统"，是因为在这套互补系统中，既可能是"光伏－光热互补发电系统"，也可能是"光伏发电－光热集热互补系统"。

迪拜的马克图姆太阳能园区第四期 950 兆瓦发电项目，是全球最大的光热－光伏混合发电项目。该项目的光热发电系统，采用了 600 兆瓦槽式 +100 兆瓦塔式的形式。为确保 24 小时不间断供电，还配置了 15 小时熔盐储热系统。当光热和光伏强强联手时，创造出了 73 美元 / 兆瓦时这个全球最低中标电价。如此低廉的电价，无疑将使太阳能发电的推广步伐迈出一大步。

当这套互补系统被用于个人住宅时，往往是以"光伏发电－光热集热"的形式。这是因为，对于住宅，人们不仅有用电的需求，也有用热水和空调的需求。早在 1988 年，

▲ 国家能源集团低碳院高温热储能系统

日本新能源产业技术综合开发机构（New Energy and Industrial Technology Development Organization，NEDO）就建成了世界上第一套太阳能光伏 – 光热混合型利用系统。这套系统不仅为个人住宅提供了电能，还提供了生活所需的热水。研究表明，该系统的能量转换总效率超过 60%，是单一利用电能的 6 ~ 10 倍。

风 – 光 – 热互补发电系统

　　风力发电、光伏发电和光热发电都存在一定局限性，如果将它们结合起来，就可取其优势补其缺陷，达到"1+1 > 2"的效果。

　　位于中国青海省海西蒙古族藏族自治州格尔木市内的鲁能海西多能互补集成优化示范项目是国内首个集风电、光伏、光热、储能于一体的多能互补科技创新项目，总装机容量为 700 兆瓦，其中风电 400 兆瓦、光伏 200 兆瓦、光热 50 兆瓦、储能 50 兆瓦。该项目将风电、光伏、光热和储能结合起来，形成了多种能源的优化组合。这不仅能有效解决用电高峰期和低谷期的电力输出不平衡问题，还能提高能源的利用效率，优化新能源的电力品质，增强电力输出功率的稳定性，提高可再生能源的发电能力和综合效益。

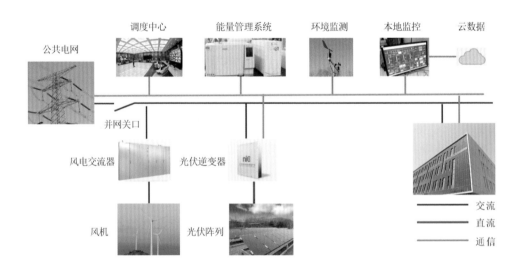

▲ 风光互补发电系统

光伏－光热－地热互补发电系统

利用地热、光伏和光热进行联合循环发电，不仅能使焓值较低的地热能转变为焓值较高的能源，提高机组的经济效益，还能维持机组的连续运行，避免了单一太阳能发电系统的缺点。

▲ 国家能源集团低碳院纳网系统多能融合

2016 年 3 月 29 日，位于美国内华达州法伦镇的斯蒂尔沃特混合发电站正式投入运行。这是全球首个集地热、光伏和光热为一身的互补型发电系统。每当阳光充裕或气温较高的时候，它就会切换到主要依靠光伏或光热发电系统来发电。

光热－生物质能互补发电系统

实现光热发电站 24 小时全天候运行，并非只有配置储热系统这种方式。通过与生物质能混合发电，同样能实现 24 小时发电的目的。生物质能属于可再生能源的一个分支，因此光热与生物质结合而成的新型发电站，仍属于绿色可再生能源发电站。

▲ 国家能源集团低碳院纳网示范区

2012 年 12 月，西班牙博尔赫斯太阳能热电厂混合发电站正式并网发电。这个是由槽式光热镜场和生物质能锅炉共同组成的发电站，

▲ 国家能源集团低碳院纳网示范区

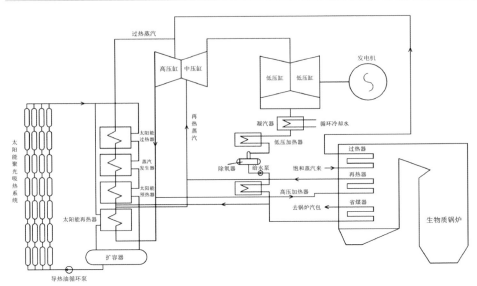

▲ 光热－生物质能互补发电系统说明图

是全球首个光热－生物质能混合发电站。它的投资达 1.53 亿欧元，总装机容量为 58.5 兆瓦，其中生物质发电装机 36 兆瓦，光热发电装机 22.5 兆瓦。在光照条件较好的白天，发电站主要采用光热发电；在晚间或光照条件不佳的白天，主要采用生物质能发电。通过这种互补发电的方式，该发电站成功实现了 24 小时持续发电。

▲ 生物质燃料厂

第七章
光伏产业发展现状

在全球变暖和化石能源日益枯竭的背景下，大力发展可再生能源成为各国的共识。太阳能以清洁、安全、成本持续走低等显著优势，成了全球发展最快的可再生能源。在各国政府的大力扶持下，光伏发电产业已步入快车道，并将为推动全球能源转型作出重要贡献。

▲ 美国加州

美国：全球太阳能发电主导地位的抢占者

　　太阳能产业横跨新能源和节能环保，是未来能源发展的大势所趋。为了抢占全球市场主导地位，美国通过政策扶持和资金扶持，大力推动太阳能产业核心技术的研发。

　　美国政府一向使用投资税抵免，来鼓励光伏产业的发展。2009 年，美国国税局推出了《现金返还法案》。该法案规定，太阳能等可再生能源项目完成后，美国财政部必须在 60 天内以现金形式返还项目成本。这种直接给钱的鼓励手段，收到了立竿见影的效果。不过随着光伏产业的成本大幅下降，投资税抵免的比例发生了一些变化。2013 年以后，美国政府取消了对住宅光伏发电项目的投资税抵免，商用及集中式光伏发电项目的投资税抵免降为 10%。目前，2019 年前建成的光伏发电项目仍可享受 30% 的投资税抵免，2020 年下降为 26%，2021 年下降为 22%。

美国政府还通过发放补助来鼓励光伏技术的研发。2011 年，美国能源部提出了致力于降低太阳能发电成本的"射日"（Sunshot）计划，其目标是到 2020 年时，太阳能发电即使没补贴，也能比传统能源更有成本优势。由于只用短短 5 年就实现了既定计划的 90%，所以能源部又提出了该计划的升级版，即在 2020—2030 年将太阳能发电成本再削减 50%。为此，美国能源部宣布了 3 个总计达 6500 万美元的新融资机会，所需资金由美国国会拨款。

此外，美国政府通过贸易政策等手段，来支持和保护本国的太阳能产业。

在政策的激励下，美国太阳能技术，特别是碲化镉太阳能电池获得了快速发展。2016 年 2 月，著名光伏模块制造商美国第一太阳能公司宣布，其碲化镉太阳能电池的转换效率已达到 22.1%，刷新了历史纪录。

2021 年，由美国托莱多大学莱特光伏中心、科罗拉多州立大学和美国能源部国家可再生能源实验室牵头，成立了碲化镉制造光伏联盟。美国能源部国家可再生能源实验室认为，碲化镉在提高组件效率、降低成本、增加使用寿命和缩短生产时间方面，都具有更大的潜力。

目前，碲化镉光伏组件的量产效率为 18% ~ 19%，该联盟将推动转换效率向 30% 的理论最大值迈进，同时开发先进的双面发电技术以获得更高的效率，进一步延长使用寿命。通过合作与专注的研究，碲化镉的年产量至少可提高 10 倍。

美国加州独特的气候条件和地理位置，非常适合使用太阳能发电。因此，这里是美国太阳能企业最集中的一个州。2018 年 9 月 10 日，加州州长签署了《100% 清洁能源法案》。该法案不仅将 2030 年全州可再生能源发电占比的目标从原来的 50% 提高到 60%，还规定在 2045 年实现电力需求 100% 由可再生能源与零碳能源供应。与此同时，加州州长还发布了一项行政命令，要求全州在 2045 年实现碳中和。加州的这些举措不仅会对全球的大宗商品与电力市场产生影响，还会带动美国其他州推行类似的政策。

德国：太阳能发电的欧洲领军者

德国一向是先进制造的代言人。目前绝大多数光伏企业都采用改良西门子法生

▲ 德国风景

产的多晶硅。顾名思义，该技术是从西门子法改良而来的，而西门子法是德国西门子公司所发明的。德国制作对于光伏产业的贡献，由此可见一斑。

2000 年，德国政府颁布了《可再生能源法》，确定实行固定上网电价，统一基础补贴时效为 20 年。这是德国规范和促进可再生能源发展的基础性法律文件。之后又进行了 4 次修订，其总体原则为：补贴的额度随时间递减；市场溢价逐步取代固定上网电价，并最终取消电价补贴，实行招标制度。这一法案不仅照顾了电力市场中广大投资者的利益，也避免了因补贴而导致的政府巨额赤字。德国正是通过不断调整和细化补贴规则，适时引导和调控，促进可再生能源市场的良性发展。也是因此，德国的弃光率仅有 1% 左右。

2017 年实施的新版《可再生能源法》，不但计划将德国的光伏发电总量从目前的 52 吉瓦提高到 100 吉瓦，还推出了小型屋顶光伏发电系统的上网补贴。为了鼓励房东安装屋顶光伏发电系统给租户使用，政府采取了减少商业税的方法。

此外，德国政府还宣布将于 2022 年关闭境内所有核电站，2050

年温室气体减排达到80%～95%，可再生能源发电占比要达到80%。这一决定标志着能源转型已经上升为其国家战略重点。

澳大利亚：天赋异禀的技术创新大拿

自2017年澳大利亚政府宣布进行能源系统转型后，国内的光伏市场再次突飞猛进，仅2017年新增光伏装机量就比2016年增长了57%。近年来，澳大利亚推进可再生能源的发展速度是全球平均水平的10倍。

▲ 发展可再生能源是可持续发展的有力途径之一

目前，澳大利亚已成为世界上光伏最发达的国家之一。与其他国家不同，澳大利亚是少有的屋顶太阳能增长领先于公用事业太阳能增长的国家。已有30%的家庭安装了太阳能电池板，是世界上普及率最高的地区之一。屋顶太阳能发电量超过14.7吉瓦，在澳大利亚发电量中排名第二。

澳大利亚的光伏之所以能取得如此惊人的进展，除了其光照资源排名世界第一（仅光照一类地区就占国土总面积的54.18%），政府又将越来越多的住宅太阳能补贴计划纳入能源政策外，也因为这里拥有光伏太阳能行业的著名高等学校——新南威尔士大学。新南威尔士大学拥有世界领先的硅太阳能电池的研究中心。传统的太阳能电池随着使用时间的增加，功率会逐渐衰减。该大学研发的氢钝化技术能消除这种功率衰减，使太阳能电池整个生命周期内的总发电量获得显著提升。

硅电池的能量转换率已接近它的自然极限，所以科学家们一直致力于探索新材料。钙钛矿电池的发电效率虽然已达到25.5%，但由于不具备硅基电池的耐久性，所以不具备商业可行性。

悉尼大学与新南威尔士大学展开合作，使用聚合物玻璃对钙钛矿电池进行封装，从而破解了这个难题。目前，其生产出的新一代实验性钙钛矿电池，已通过了国际电工委员会严格的热湿测试标准。这代表钙钛矿太阳能电池迈出了通往商业化的重

▲ 悉尼大学

▲ 新南威尔士大学

▲ 澳大利亚

要一步。

日本：福岛核泄漏后的能源革命者

2011 年 3 月 11 日，日本福岛大地震所引发的海啸，使东京电力公司的多个核反应堆严重损坏，造成了继切尔诺贝利核泄漏以来的最大核灾难。事故发生以后，核能发电站大批关闭，改用火力发电来弥补核能发电缺口，这又造成了环境污染和对外能源依赖的问题，迫使日本掀起了一场电力能源革命，为新能源产业发展提供了成长的契机。

在过去，虽然日本的太阳能利用技术处于世界前列，但因为太阳能发电过于昂贵，日本人自己很少使用。2012 财年，日本经济产业省通过了"支持引进住宅光伏系统的补贴措施""可再生能源上网电价补贴政策"等一系列措施、政策，来推动光伏发电的应用和普及。

在高额补贴的推动下，太阳能发电在日本得到了迅速发展。日本的光伏产业发展相对平稳有序，并未出现一哄而上、疯抢装机，继而导致大比率弃光的现象。这是因为日本政府对光伏市场设立了较高的认证门槛，只有通过了日本太阳能发电普及扩大中心（Japan Photovoltaic Expansion Center）的 J-PEC 认证和日本电气安全环境研究所（Japan Electrical Safety & Environment Technology Laboratories）所颁发的 JET-PVm 认证，才能获得政府补贴。这就杜绝了一些价格低廉但无品质保证的产品搅乱市场。

▲ 日本核电站

中国：后劲十足的后起之秀

得天独厚的太阳能资源

中国地处欧亚大陆的东部，主要位于温带和亚热带，因此具有较丰富的太阳能资源。

从太阳能总辐射资源来看，中国呈现"高原大于平原，西部干燥区大于东部湿润区"的分布特点，其中又以青藏高原的太阳能资源最为丰富，年总辐射量超过了 1800 千瓦时 / 平方米，部分地区甚至能超过了 2000 千瓦时 / 平方米。例如，中国西藏就因为地势高、太阳光透明度好，其太阳辐射总量位居世界第二位，仅次于撒哈拉大沙漠。

▲ 日本福岛县

按照太阳辐射总量的不同，全国大致可分为四类地区：

一类地区是太阳能资源最丰富带，年总辐射量超过 1750 千瓦时 / 平方米，约占国土面积的 22.8%；

二类地区是太阳能资源很丰富带，

▲ 东京电力公司

年总辐射量为 1400 ～ 1750 千瓦时 / 平方米，约占国土面积的 44.0%；

三类地区是太阳能资源较丰富带，年总辐射量为 1050 ～ 1400 千瓦时 / 平方米，约占国土面积的 29.8%；

四类地区是太阳能资源一般丰富带，年总辐射量小于 1050 千瓦时 / 平方米，约占国土面积的 3.3%。

仅一类和二类地区就达到了国土面积的 66.8%，都是发展太阳能产业的黄金区域。而按照现有的太阳能利用技术，即使三类地区也仍具有一定的利用价值。由此可知，中国具备了广泛发展太阳能的地理条件。

驶入快车道的中国光伏产业

光伏产业正逐渐演变成众多国家大力扶持的重要产业。各国政府纷纷

▲ 鹭岛沙坡尾

▲ 椰林风光

▲ 福建漳州东山岛

▲ 福建武夷山

▲ 云南腾冲

▲ 厦门大学

出台了相应的产业支持政策，以支持本国光伏行业发展。中国也不例外，持续出台了各种支持光伏产业的政策。

早在 2001 年，中国就出台了"光明工程计划"，旨在用光伏发电解决偏远缺电山区居民的用电问题。该计划标志着国内光伏产业的正式起步。2009 年，中国发布了《关于实施金太阳示范工程的通知》。该通知重点支持用户侧并网光伏发电、独立光伏发电和大型并网光伏发电等示范项目建设，以及硅材料提纯、并网运行等光伏发电关键技术产业化和相关基础能力建设，并根据技术先进程度、市场发展状况等确定各类示范项目的单位投资补助上限。该政策直接推动了中国从光伏电池的代工工厂向太阳能光伏发电强国转变。

之后，中国相继出台了《国务院关于促进光伏产业健康发展的若干意见》《关于实施光伏发电扶贫工作的意见》《能源发展"十三五"规划》《智能光伏产业发展行动计划（2018—2020 年）》等一系列政策。

在政策的扶持下，中国光伏行业虽然起步较晚，但逐渐驶入发展的快车道。随着光伏技术的发展、投资成本的降低，行业巨头纷纷出手布局未来的光伏产能。截至 2020 年年底，中国新增光伏装机规模达到 48.2 吉瓦，连续 8 年位居全球首位；累计光伏装机超过 250 吉瓦，已连续 6 年保持全球第一；多晶硅和组件产量分别连续10 年、14 年位居全球首位。由此可见，中国已经成为全球最大的光伏市场。

从技术发展来看，中国光伏行业不但全产业链基本实现国产化，而且技术创新已处于世界领先水平；从量产效率来看，中国单晶硅电池的转换效率为21% ~ 23%，多晶硅电池的转换效率也超过了 20%，电池量产平均转换效率继续保持世界领先地位；从实验室转换效率来看，中国已 20 次登上美国能源部国家可再生

▲ 国家能源集团低碳院光伏电池电性
能测试设备

▲ 国家能源集团低碳院光伏电池电极
加工设备

能源实验室的全球电池最高转换效率图表，且至今仍保持 4 项纪录。

　　光伏技术的进步带来了光伏发电成本的大幅下降。从中国光伏行业协会提供的数据来看，中国大型地面光伏系统成本已从 2007 年的 60 元 / 瓦，下降到如今的不足 4 元 / 瓦；组件成本从当年的 36 元 / 瓦下降到如今的不足 1.5 元 / 瓦。在 2020 年竞价项目中，青海海南州项目中标电价为 0.2427 元 / 千瓦时，其发电成本已经低于中国大多数地区的火电成本。高速发展的中国光伏企业正引领全球太阳能产业技术和成本取得重大突破。而随着光伏发电成本的持续降低，光伏产业还将进一步推动中国能源结构调整。

　　◆ 航天事业离不开中国光伏

　　航天器从地球发射并到目的地，需要耗费巨大能量。由于它所携带的燃料有限，想要完成既定的探测任务，就必须就地获取能源。无处不在的太阳能是太空中最好

▲ 国家能源集团低碳院光伏洁净实验
室智能风淋室

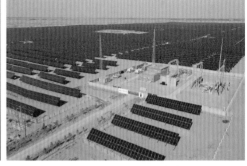

▲ 国家能源集团国华投资蒙西公司漠
北光伏发电站

▲ "天问一号"火星探测车

的能源，而光伏电池就是将太阳能转化为电能的功臣。

中国光伏技术快速发展，已能够为航天器提供适用于各种恶劣环境的高效稳定的太阳能电池。中国航天器因此插上了"中国翼"。

2017年4月20日发射的中国自主研制的首艘货运飞船"天舟一号"，就拥有这么一对"中国翼"。白天时，这对"中国翼"展开吸收太阳能，并将其转化为电能储存起来；夜里 –100 摄氏度时，就收起"中国翼"，将储存的电能转化为内能，防止设备被冻坏。这对"中国翼"是由砷化镓光伏电池制作的，其转化效率超过30%。

2020年7月23日发射的"天问一号"火星探测器，则使用了能适应火星环境的三结砷化太阳能电池提供能源。为确保为期90天的巡视探索任务顺利完成，探测器上一共装了4块太阳能电池板。三结砷化太阳能电池作为中国目前最先进的太阳能电池，还安装在了中国新一代载人飞船、"北斗三号"导航卫星和"玉兔号"月面巡视器等航天器上。

从1971年中国发射第二颗人造卫星"实践一号"起，中国光伏技术就一直在为航空事业助力。而未来，它还将为中国航天器提供更优质、更高效的能源。

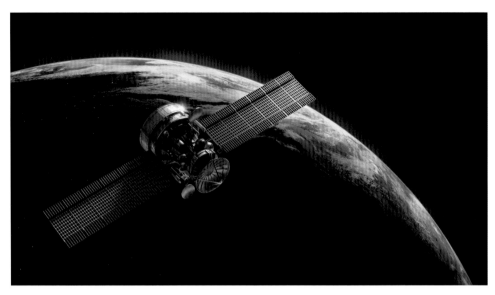

▲ 光伏电池为航天器插上了"中国翼"

◆ 光伏扶贫助力消灭绝对贫困

2020年中国消灭了国内的绝对贫困。而光伏扶贫作为国务院扶贫办2015年的"十大精准扶贫工程"之一，为消灭绝对贫困作出了贡献。

所谓光伏扶贫，主要是在住房屋顶和农业大棚上铺设太阳能电池板，即通过安装分布式太阳能发电站，每户人家都成为微型太阳能发电站。平时农民就使用自家发电站发的电能，如果还有多余的电量，就卖给国家电网。这样不但能够节约开支，

▲ 国家能源集团向西藏那曲林提乡捐赠光伏帐篷

▲ 国家能源集团国华投资海南东方农光互补光伏发电站，装机容量10万千瓦，是国家能源集团单体最大的农光互补项目

还能够获得额外收入。

　　光伏扶贫充分利用了贫困地区太阳能资源丰富的优势，通过开发太阳能资源，为贫困群众带来了连续 25 年产生的稳定收益。从而实现了扶贫开发和新能源利用、节能减排相结合。这不仅有利于特殊人群的脱贫，也为实现碳中和作出了贡献。未来，光伏产业还将继续与传统行业协同发展，在扶贫项目开展中发挥巨大作用。继"光伏扶贫"后，"农光互补""渔光互补"等合作模式应运而生，同样收效显著。

中国光伏产业展望

　　全球的光伏市场虽然几经起落，但总体仍呈现不断向上发展趋势。而后来者居上的中国光伏，正引领全球太阳能产业技术和成本取得重大突破，在能源转型和应对气候变化中担当更重要的角色。

　　中国光伏行业已为实现碳达峰和碳中和作出了巨大贡献。截至 2020 年年底，中

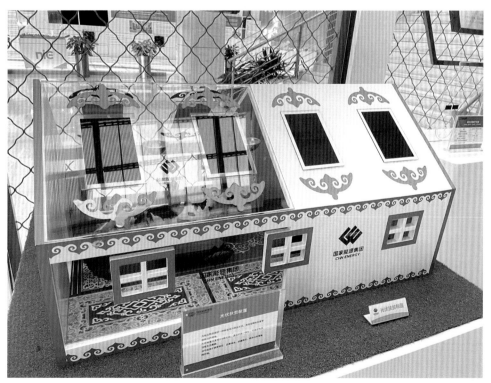

▲ 光伏扶贫帐篷模型

▲ 国家能源集团国华投资新疆公司景峡西光伏发电站，装机容量 50 兆瓦

▲ 国家能源集团国华投资新疆公司和硕光伏发电站，装机容量 30 兆瓦

▲ 国家能源集团国华投资新疆公司莫合台光伏发电站，装机容量 20 兆瓦

国光伏发电累计发电量达到 9244 亿千瓦时，相当于累计节约标准煤 2.85 亿吨，减少碳排放量 7.4 亿吨，植树 16.9 亿棵。

然而，能源转型是一个长期过程，必然会有一段传统能源与可再生能源融合发展的时期。而中国政府所提出的能源多元化供给模式，为各类清洁能源的发展"腾出了赛道"，创造了条件。中国光伏产业已经是，也仍将继续是最大的受益者。

从光伏技术发展来看，2030 年以后，在高效单结硅电池基础上，更高效的双结叠层电池，例如钙钛矿／硅叠层电池，有望实现低成本规模化生产。此外，更高效的化合物薄膜叠层电池也很有可能实现产业化。

得益于光伏技术和储能技术的进步，光伏发电的成本仍将继续快速下降。到了 2035 年和 2050 年，光伏发电站的投资成本预计将比当前水平分别下降 37% 和 53%。大型光伏发电站往往会建设在荒漠地区。在贡献清洁电力的同时，它也会对荒漠地区的固沙、水土涵养有较好效果，从而实现生态修复。

中国的城镇建筑物为分布式光伏发电站的建设提供了广阔空间。据测算，中国可用于安装光伏系统的屋顶和建筑物南墙总面积超过 300 亿平方米，至少可安装 30 亿千瓦光伏。这些分布式光伏发电站将改变家庭和商业机构的用电

▲ 国家能源集团低碳院研发人员　　▲ 屋顶是安装光伏系统的好场所

模式，会有更多家庭和商业机构兼具发电、用电和卖电的多重身份。

　　未来，光伏发电的年新增装机将继续保持每五年翻一番的增长趋势。到 2050 年，光伏将成为中国的第一大电源，光伏发电的总装机规模达 50 亿千瓦，占全国总装机 59%，全年发电量约为 6 万亿千瓦时，占当时全年用电量的 39%。实现高比例光伏发电，不仅可以有效减少二氧化硫和氢氧化物等污染物排放，而且是中国乃至全世界实现碳中和的中坚力量。

　　在展望这些美好前景的同时，不能忘记千里之行始于足下。2021 年是中国开启

▲ 能源转型是一个长期过程

碳中和征程的元年，也是在这一年，中国人找到了实现碳中和的重要途径——光伏发电。

▲ 低碳生活是实现碳中和的重要途径之一